U0176394

30岁，收获你的第一个100万

邓姐姐 著

中信出版集团 | 北京

图书在版编目（CIP）数据

30岁，收获你的第一个100万 / 邓姐姐著. -- 北京：中信出版社, 2021.5（2023.10 重印）
ISBN 978-7-5217-2955-9

Ⅰ. ①3… Ⅱ. ①邓… Ⅲ. ①女性—财务管理—通俗读物 Ⅳ. ①TS976.15−49

中国版本图书馆CIP数据核字（2021）第046620号

30岁，收获你的第一个100万

著　　者：邓姐姐
出版发行：中信出版集团股份有限公司
（北京市朝阳区东三环北路 27 号嘉铭中心　邮编　100020）
承 印 者：北京盛通印刷股份有限公司

开　　本：880mm×1230mm　1/32　　印　　张：7.5　　字　　数：143千字
版　　次：2021年5月第1版　　印　　次：2023 年10月第4次印刷
书　　号：ISBN 978-7-5217-2955-9
定　　价：49.00元

版权所有 · 侵权必究
如有印刷、装订问题，本公司负责调换。
服务热线：400-600-8099
投稿邮箱：author@citicpub.com

序言

女性理财入门书：30岁前收获第一个100万元

坦白说，在初入职场的那两年，我并不理财。当时收入不低，花钱随性，所以我一直没有什么积蓄。我的奶奶则不同。尽管她和她那个年代的绝大多数人一样，靠薪水养家，但我从来没见她因为钱财苦恼，我一度对此感到好奇。直到看到她那本记录得密密麻麻的账本之后，我才发现，奶奶才是我应该学习的榜样。她的财富秘诀就在于理财。

奶奶是银行专业人士，做了一辈子财务工作。她最喜欢的事情就是记账，无论金额大小，她都会记下来。尽管她属于二十世纪二三十年代的一辈人——对理财最大的理解就是把钱存进银行，但她的嗅觉很敏锐，哪里利率高就存在哪里。她也经历了国内银行存款利率最高的年代。那时候，银行存款利率高达13%以上。而且，她很坚定地执行复利，用小本本记好存款，哪笔到期了，她就立马连本带息存回银行。

所以即使到老年，奶奶的退休金比在职工资少了不少，但她仍然过着富足、从容的生活。奶奶还请了一个住家阿姨，时常煲一些料多味足的汤，这也成了我们常去奶奶家的理由。汤喝得多了，感觉自己都可以出一本汤谱了。

言归正传。当意识到理财的重要性后，我就开始系统地盘点自己的资产，并对资产进行分类。然后，我发现理财真的很好玩，让人乐在其中，非常享受。

当然，理财也有让人亏大钱伤心的时候。比如我曾在股市赔了一半的身家，但我也从股市赚到了人生的第一个100万元、200万元，甚至是更多。后来，我潜下心来研究各种理财产品，发现买对理财产品稳稳地赚钱并不难，要在30岁前收获100万元也不难。

于是，我决定写一本书，结合身边女性的财富故事，梳理自己对理财的一些思考，分享有关理财的观念。

这不是一本教科书，可能书中有些理财方式不一定适合最新的情况，但只要你掌握了方法论，就会发现理财可以轻松玩转。希望这本书能给你们带来一些小小的启示，助力你们在30岁前收获第一个100万元，挖到人生的第一桶金。我也希望30岁后的你们能更加自如地积累财富，实现财务自由。

关注"邓姐姐的美好生活提案"
每天富一点儿

目录

1 建立正确的理财观

002 理财观念：理财是慢慢变富

009 储蓄观念：要不要存钱？

014 负债观念：过度负债和适度负债

022 婚姻经济学：好好理财，比嫁个好丈夫更重要

2 构建个人的资产配置

030 导入构建的观念，把个人理财当公司来经营

034 如何构建？通过不同的账户进行资产配置

039 资产配置过程中防止被骗

047 了解各种理财工具，预判投资风险

052 若经济不好，该如何应对？

3 女性各年龄段理财重点

060 毕业前：把时间花在自我提升上
064 初入职场：学会记账，月入 5 000 元也可以攒钱
070 30 岁前：攒到 100 万元
080 30 岁后：1 000 万元退休金是这么“理”出来的
091 理财小贴士

4 理财操作的具体展开

110 人生中的第一张信用卡
115 人生中的第一只基金
124 人生中的第一份保险
134 人生中第一次买黄金
140 人生中的第一套房子
151 人生中的第一只股票
158 人生中的第一笔年终奖

5 投资中的“薅羊毛”

163 可转债打新：平均日赚超 10%
170 新股打新：最高日赚 44%
174 国债逆回购：假期理财好工具
179 银行智能存款：无风险高息产品
183 国债：这样买最划算
189 信用卡的“免息羊毛”

6 这些理财的“坑”，我劝你不要踩

194 很多人以为有钱才要理财
199 很多人不知道投资基金有风险
212 很多人以为保险是坑人的
219 很多人以为黄金可以保值
224 很多人以为银行理财是低风险产品

229 **后记**

1 建立正确的理财观

理财观念：理财是慢慢变富

寻找财富秘密的钥匙

我以前同寝室的闺密小满很喜欢记账，读大学的时候，她连1角的支出都会记录下来，我们都戏称她为“省钱女王”。

毕业后，她去了一家公司，收入很不错，但她没有大手大脚地花钱，而是把钱存起来，于是她在工作不久后就攒够首付，贷款买了一套房子。房贷几乎占了她收入的一半以上。

随着小满的收入不断提高，还房贷对她来说变得逐渐轻松，她手头的钱也宽裕了。

但小满一度挺纠结的，她说：“自住的房子虽然升值不少，但因为不会卖掉，所以谈不上是投资盈利。”手头有些钱，除了存银行，她也不敢尝试其他的理财方式，因为她一直谨记老爸的话：“千万不要投资股市和基金，会让你血本无归啊。”

小满也发现，钱存银行根本跑不赢通货膨胀率：2018年，全国CPI（居民消费价格指数）同比上涨2.1%，同年农业银行1万元以下的1年定期存款利率是1.75%。

于是，小满开始研究各种理财产品，后来接触到巴菲特的定投观点。巴菲特在1993年写给伯克希尔·哈撒韦股东的信中说："一个什么都不懂的业余投资者，通过分期购买一只指数基金，能够战胜职业投资者。"

小满从2018年开始定投国内的宽基指数基金，一开始是一两百元地投，后来是一两千元地投。可刚投没多久就出现了越买越跌的情况，她心里都快没底了。可想到定投的原则就是越跌越买，最终享受上涨的收益，小满就一直坚持定投，终于在2020年收获了30%以上的收益。

她定投基金选择的分红方式是红利再投资，这就相当于利滚利，实现了复利。小满用复利计算器算了一下，以50万元为本金：如果连续5年实现10%的年化收益率，那么5年后，50万元将变成约80.5万元；10年后，50万元将变成约129.7万元。

按这样的复利，她觉得自己可以实现慢慢变富，感觉就像找到了财富秘密的钥匙。

两个理财知识点

1. 跑赢通货膨胀率

其实，我们理财最基本的要求是跑赢通货膨胀率。

美国宾夕法尼亚大学沃顿商学院的金融学教授杰里米 ·J. 西格尔在《股市长线法宝》中讲过：如果你把1美元揣在兜里，考虑通货膨胀等因素，210年（1802—2012年，下同）后的今天，你实际只剩下0.05美元左右的购买力。我们把数值扩大100倍，即100美元只剩下5美元左右的购买力。

每个国家的货币都会贬值，中国也不例外。10年前的10万元，经过10年的通货膨胀，现在的实际购买力是多少?

我们先来看看中国这10年间的通货膨胀率是多少。2010—2019年，CPI同比增速分别为3.3%、5.4%、2.6%、2.6%、2.0%、1.4%、2.0%、1.6%、2.1%、2.9%。其中，2011年物价上涨最厉害，这和当年投资客推动农产品价格暴涨有很大关系。

总体来看，国内过去10年的CPI同比增速的平均数为2.59%。为了方便计算，我们设定其为2.6%。

由此得出，10年前的10万元，现在的实际购买力约为7.7万元，"蒸发"了2.3万元。如果这10年把钱存在银行（1年定期存款利率为1.75%，每年自动滚存），利息收入约有1.89万元，那么算起来，你还是“蒸发”了0.41万元。

所以，如果不理财，我们的钱就会被通货膨胀“吃掉”，而且理财的收益率要高于通货膨胀率才可以。

那么，什么样的理财方式比较好呢？

西格尔在书中说道：如果用1美元分别投资于债券、短期国债和黄金，那么210年后，这1美元会分别变成1 778美元、281美元和4.52美元；如果投资于股票，你则会拥有70多万美元（见图1-1）。

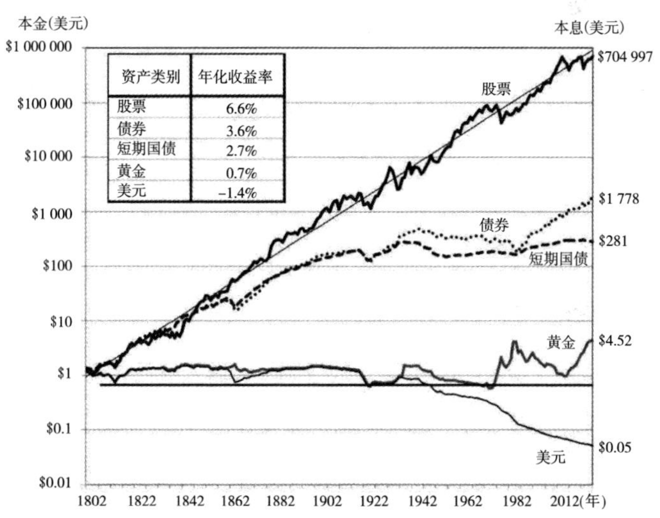

图1-1　美国股票、债券、短期国债、黄金及美元在1802—2012年的真实总收益

来源：《股市长线法宝》第五版。

持有股票真有这么牛吗？远的不说，就说我们的贵州茅台股票。

以后复权价格计算，如果你在2003年以最低价25.88元买入35万元的贵州茅台股票，到2020年6月的涨幅有多少？股价最高达8 380.16元，涨幅超过300倍，你将拥有1亿多元。这17年里，你什么都不用做，只要坚定地持有贵州茅台股票即可（见图1-2）。

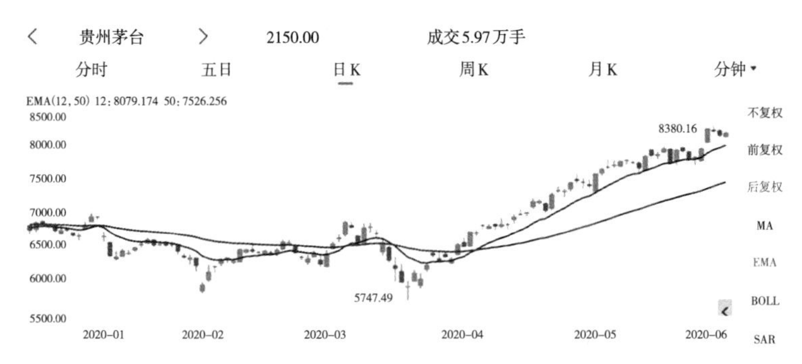

图1-2 贵州茅台股票的股价（后复权价格）走势

来源：腾讯自选股，时间截至2020年6月。

当然，并不是每个人都能选对股票，若选错股票并继续持有，只会让亏损变得越来越大。比如中国石油股票，2007年上市首日开盘价为48.6元，到2020年9月中旬按后复权价格7.07元计算，在13年前花10万元买入其股票，现在依然亏着8万多元。

幸好，资本市场也不止股票一条路，还有不少理财方式。只要学会了正确的理财方法，资产就能稳稳增值。即使只靠一份工资，我们也能实现财务自由。

2. 用复利慢慢变富

说到慢慢变富，不得不提“股神”巴菲特。

据《福布斯》在2020年4月7日的统计，90岁高龄的巴菲特个人财富约为675亿美元，位列全球亿万富豪榜第4位。而巴菲特的成功，源于“时间的复利”，做坚定的长期主义者。

巴菲特一直坚持价值投资，不急于赚快钱或进入他看不懂的行业。价值投资的特点就是慢，但胜在稳。巴菲特直到50岁才成为亿万富翁，近96%的财富是他在60岁以后才拥有的。

1994年10月10日，巴菲特在内布拉斯加大学演讲时说：“复利有点像从山上往下滚雪球。最开始时雪球很小，但是往下滚的时间足够长（从我买入第一只股票至今，我的山坡有53年这么长），而且雪球粘得适当紧，最后雪球会很大很大。”

巴菲特坚持了53年才成功，你呢，想好坚持多少年了吗?

复利有多神奇，我们来计算一下。

复利是相对于单利而言。单利是本金产生的利息。复利是把利息加本金一起滚到下一期，俗称“利滚利”。

假设你每年存1 000元，不算利息，那么10年后你就有1万元，40年后你就有4万元。

如果年化收益率为10%，用单利计算，第一年的利息是100元，第二年的利息是200元，第三年的利息是300元，以此类推，10年和40年后，本息有1.55万元和12.2万元。

如果年化收益率为10%，用复利计算，第一年的利息是100元，第二年的利息是210元，第三年的利息是331元，以此类推，10年和40年后，本息有约1.75万元和约48.7万元。

40年后，复利本息48.7万元是本金4万元的12倍多，是单利本息12.2万元的近4倍。

这就是复利的魅力。当然，我们也要选对理财方式。只有实现高收益率，复利才会更可观。

储蓄观念：
要不要存钱？

存钱让我戒掉了“精致穷”

我的闺密小韵是典型的摩羯座，大学毕业后就全身心投入工作，以至于没时间谈恋爱，也没时间理财（她觉得理财是一件复杂的事）。她动过好多次心思想买房，可一直没下定决心，眼睁睁地看着房价涨到自己买不起。

然而让她感到温暖的是，自己能随心所欲地购物，就连点外卖，每个月都能花近万元，更别说每年给某宝贡献的“双位数”了。没错，她就是网络上说的“精致穷”。

你去她家里会感觉犹如环游了一番世界，能看到各式各样的“宝物”，比如从阿根廷淘回来的19世纪的皮套、比利时的挂毯、英国的薇吉伍德茶具、意大利传统的威尼斯面具等。

然而，现在30多岁的她，面对一屋子的“宝物”却欢喜不起来。她是典型的“月光族”，还是独生女，如果父母生病了，那么她很可能会不知所措。

幸好她醒悟得早，接受了我说的存钱“一九法则”，即每个月强迫自己存下收入的10%，剩下的90%可以自由分配。现在，她每天看着存款在增加，心里的安全感也在一天天增强。

她不仅学会了存钱，而且学会了预留现金流。她说，这现金流中有一部分是为父母准备的，万一父母生病，她还有积蓄帮助他们。

虽然小韵现在还是没有买房子，但她已经不慌了，她慢慢戒掉了“精致穷”，努力为房子的首付攒钱。

→ 两个理财知识点

1. 储蓄观念

你是不是听过“你不理财，财不理你”？如果本金太少，其实理财的效果并不明显。

简单计算一下，假设将1万元、10万元、100万元和1 000万元分别用于理财，同样是每年5%的收益率，那么一年的收益分别是500元、5 000元、5万元和50万元。

拥有100万元和1 000万元本金的人，或许不用工作就能拿到和别人一样的年薪，然而拥有1万元和10万元本金的人，仍然要努力工作。

这也是你要不断储蓄的原因。只有不断地提高收入，提升储蓄的金额，你才能过上不动用本金、只用利息过活的生活。

真的可以这样吗？在美国，已经有不少人发起了“FIRE”（Financial Independence，Retire Early，即“经济独立，早早退休”）运动，借鉴了麻省理工学院威廉·班根教授的研究。

他分析了过去75年的股市数据及退休案例后，归纳出：“只要在退休第一年从退休金本金中提取的钱不超过4.2%，之后每年根据通货膨胀率微调，即便到过世，退休金都花不完。”支撑这一研究的基础是50%股票、50%债券的投资组合。

1998年，美国三一大学的3名教授在班根的研究基础上做了进一步研究，发现提取率若不超过4%，退休金可以撑30年或更久的成功率是95%。支撑这一研究的投资组合是75%股票、25%债券。

综合以上两个研究，4%属于“安全储蓄提取率”，这一研究结果也被总结为“4%法则”。

根据“4%法则”，推导出“25原则”：当你的储蓄达到年度花销的25倍时，你就可以光荣退休了。比如，你一年的花销是6万元（假设你拥有无须还贷的房子，且低消费），那么你只需要拥有150万元（25×6＝150）的存款就可以退休啦。

以这150万元作为本金，每年提取4%的理财收益，就可以覆盖你每年6万元的花销了，实现了退休金“到死都花不完”。

所以，如果想提前退休，你可以算算自己的储蓄是否达到年度花销的25倍。如果还没有，你就赶紧开始储蓄吧。

储蓄的比例是多少？一般是按照“一九法则”，即收入的10%必须攒起来。若能严格要求自己，可用“50/50原则”，即储蓄和债务的比例为结余金额的50%：50%。假设你的月薪是8 000元，每月剩4 000元，那么储蓄和债务金额各2 000元。

2. 储备现金流

小韵的现金流是从给父母准备的角度来考虑的，但无论是给父母还是给自己，我们都应该有现金流。

我们不能在没有收入的时候才意识到存钱的重要性，我们要在有收入的时候就为未来可能没有收入的情况存钱。

2020年初发生的这场突如其来的新冠肺炎疫情让众多企业停摆，企业收入锐减，接着是个人被降薪或没有收入。

我身边不少“90后”没了收入时，花呗和信用卡都还不了，他们才意识到没有收入是多么可怕。陆续复工之后，他们没有“报复性消费”，反而是“报复性存钱”。

其实，这和企业的现金流有点相似。

因为这次疫情，许多餐饮企业、旅行社不能营业，导致不少企业关门，但做好了现金流储备的企业就没有关门。一位经营酒店的朋友说过，她一般会准备6个月的备用金，这样即使有两三个月没有生意，酒店也能支撑下去。因为她没有辞退任何一名员工，现在疫情得到控制，员工的积极性很高，他们还会主动推销酒店，多拉些生意回来。

巴菲特的伯克希尔 · 哈撒韦公司也很喜欢充沛的现金流。巴菲特把 2/3 的钱用于投资各种项目，其余的 1/3 始终以现金的形式持有。

正因为有这么多的现金，巴菲特不仅安然度过了 2008 年的金融危机，还用超低价买入各种低估值股票，实现了高收益。截至 2020 年第二季度末，哈撒韦公司账上的现金达到了 1 466 亿美元*。

* 1美元约等于6.5元人民币。

负债观念：过度负债和适度负债

我每天一醒来就想着怎么还信用卡

这是一个发生在“90后”小芳身上的故事。

小芳大学毕业之后就遇到了现在的丈夫，他们都很喜欢婚庆行业，于是开起了夫妻档婚庆公司，一个负责婚礼策划，另一个负责客户管理。生意也还行，两个人的小日子过得不错。

所谓“来钱快，花钱也快”，他们都没有什么攒钱意识，又喜欢追求品质生活，赚的钱都花在吃喝玩乐上。没有钱的时候，他们就刷信用卡，每人手上不止一张信用卡，有三四张之多，这张刷完就刷下一张。他们想着做生意总会有收入的，及时行乐没问题。

小芳夫妻就这么过了几年潇洒的日子。后来，婚庆行业的竞争越来越激烈，他们也没有特别的优势，导致收入锐减。就在此时，小芳怀孕了。两个人连生孩子都是靠刷信用卡。生了孩子后，家里的开支突然增加了。有段时间，因为小芳的丈夫没收入，信用卡也被刷“爆”了，他们不得已借了些高利贷。

小芳说现在感觉整个家庭都离不开信用卡，自己每天一醒来就想着怎么还信用卡，她很痛苦。小芳丈夫早就把婚庆公司关了，现在上班，收入也不是很高。她准备等孩子满两个月就去上班，帮扶一下家里。

小芳不知道该怎么办，只能每月按着信用卡的账单还钱。她很想摆脱这种靠信用卡过活的日子。

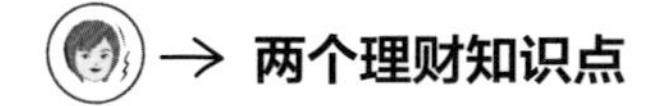

1.过度负债

如果一个家庭没有负债管理，当收入增长抵不上支出的时候，家庭就会陷入负债循环。小芳的家庭就属于过度负债。

这也和我们从小没有接受过负债管理的教育有关。我们小时候只会问父母要钱，却从来不问钱是怎么来的，而他们也很少和孩子讨论“如果你以后没有收入了，该怎么办”。

尤其是许多“90后”似乎不太担心收入问题，毕竟对大多数独生子女来说，还有父母这个靠山。

在这种状态下，类似于小芳的情况就会出现——喜欢提前消费。可他们没想到，当自己有了孩子，当父母开始变老、容易生病的时候，家庭的压力是这么大。

其实，只要稍稍计算一下负债的成本，小芳大概就会克制住提前消费的欲望。

先来说说信用卡。信用卡是有免息期的，只要按时还款，就不会产生利息。但若出现以下4种情况，就要支付利息：

（1）若想分期还款，就要支付分期手续费；

（2）若过了免息期还款，即逾期还款，会产生逾期利息；

（3）若只还最低还款额，也要从消费日开始计算利息；

（4）若提现，从提现那天开始计算利息。

在第一种情况下，各银行按不同标准计算分期手续费率，比如有些银行12期的分期手续费率为8.64%，转化为年利率约为15.95%。计算公式是：年利率＝24×F÷（n+1）（F为期数对应的费率，n为期数），即24×8.64%÷13≈15.95%。

在第二、第三和第四种情况下，银行一般按0.05%的日利率来计算，年利率为18%（银行通常以1年是360天为基数进行计算）。计算公式是：年利率＝月利率×12=周利率×52=日利率×360，即0.05%×360=18%。

花呗、京东白条与信用卡类似，只要按时还款，不会产生利息；但若分期还款、逾期或只还最低还款额，那收取的费率和信用卡的差不多。

而纯粹的借贷平台，如借呗、微粒贷、京东金条等，它们的利率一般会更高，年利率超20%的也有。

我统计了一下各平台的借贷利率（截至2020年8月）：借呗日利率为0.015%~0.065%，年利率为5.4%~23.4%；微粒贷日利率为0.045%~0.05%，年利率为16.2%~18%；京东金条日利率最低为0.025%，即年利率约为9%，年利率最高不超过36%。一般来说，借呗和京东金条的最低年利率要优质客户才能享有，其他的客户一般是16%~20%，年利率非常高。

以前，民间借贷的年利率红线是24%~36%，但根据最高人民法院2020年8月20日的新规，民间借贷的年利率上限设定为最新一年期LPR（贷款市场报价利率）的4倍。按2020年8月20日公布的最新一年期LPR为3.85%计算，借贷的年利率上限为15.4%（见图1-3）。

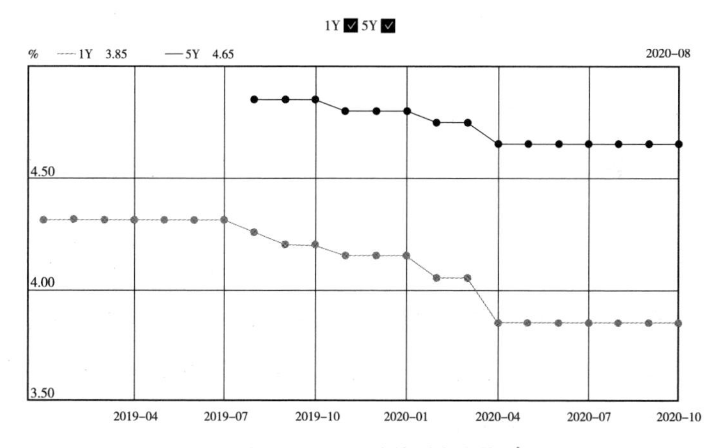

图1-3　LPR品种历史走势

来源：中国人民银行官网。

LPR每月20日变化一次，如果持续下跌，受司法保护的年利率上限也会持续下跌；反之，就会持续上涨。

不过，根据《最高人民法院关于新民间借贷司法解释适用范围问题的批复》(下文简称《批复》)，由地方金融监管部门监管的小额贷款公司、融资担保公司、区域性股权市场、典当行、融资租赁公司、商业保理公司、地方资产管理公司这7类地方金融组织，属于经金融监管部门批准设立的金融机构，其因从事相关金融业务引发的纠纷，不适用新民间借贷司法解释。此《批复》自2021年1月1日起施行。

如此看来,《批复》对信用卡、借呗、微粒贷等的影响估计不大。但若不属于这7类地方金融组织的平台，仍然会受到民间借贷新规的约束。

其实，无论贷款年利率是24%还是15%，对个人来讲，都是不低的。你想想累计滚动多个年利率为15%的贷款，压力得多大。总之，“利滚利”的贷款还是不借为妙。

举个例子，我们就会更明白了。如果你借10万元，按15%的借贷年利率计算，一年要还1.5万元的利息。但你一年能通过这10万元赚到1.5万元吗?

存银行? 银行1年定期存款利率一般是1.75%。买国债? 2020年储蓄国债5年期的利率是3.97%。买银行理财产品? 风险比较低的产品利率是3%左右。买股票? 买基金? 这些都是中高风险投资，难保一年的收益率肯定有15%。

这样你就明白了，千万不要听信某些借贷平台，说借1万元每日只需还4.5元就以为利息很少，实际计算一下，你就知道年利率有多高了。不然，你辛辛苦苦赚的钱都用来帮某些借贷平台打工了。

有个小提醒：现在花呗、京东白条、借呗、微粒贷、京东金条等平台的借还记录，都会在中国人民银行的征信报告*中体现，它们会以小额贷款的方式呈现，也许会在你的征信报告中留下小额贷款记录。

想知道自己的征信情况，有两种途径：一是通过中国人民银行征信中心（www.pbccrc.org.cn），进入“互联网个人信用信息服务平台”查询；二是通过各大银行的手机客户端进入征信查询。个人征信报告建议不要自查太多次，一年查1~2次就好。

2. 适度负债

那么，我们就不能借钱提前消费了吗？不是的，适度借钱是可以的。我们可用“28/36经验法则”来判断负债是不是适度，各银行也在提倡这个概念。

“28/36经验法则”是指个人或家庭的房产相关支出（包括房贷还款、物业管理费、房地产税、房屋保险等）不超过同期收入的28%，个人或家庭的总负债（房产相关支出加车贷加信用卡负债加网络小额贷款加其他负债）不超过同期收入的36%。

举个例子：李先生的税后年收入是20万元，按照“28/36经验法

---

* 报告里记录了个人的信用信息，主要包括个人基本信息、信贷信息、非银行信息。报告中的信息将会影响个人在金融机构的借贷行为。

则”，他每年的房产相关支出不超过5.6万元或每月不超过4 667元，其他个人负债每年不超过1.6万元或每月不超过1 333元。如果李先生能够获得30年期、每年固定利率为5.5%的贷款条件，那么李先生的合意贷款*在82万元左右。

表1-1是用贷款计算器算出的年收入为5万元、10万元、20万元、40万元、80万元对应的合意贷款。

表1-1　年收入和合意贷款对应表

年收入	5万元	10万元	20万元	40万元	80万元
合意贷款	20万元	41万元	82万元	164万元	328万元

来源：中国人民银行“3·15金融消费者权益日”宣传手册。

如果发现每年的贷款支出（包括因贷款而产生的各项费用）超过当年总收入的36%，你就要适当进行收缩调整，避免过度负债。

德国作家博多·舍费尔写的理财入门书《小狗钱钱》提到了过度负债的情况。书中主角12岁女孩吉娅的父母认为负债不好，希望尽量多地还房贷，导致他们家每个月还房贷的钱占收入的50%以上，家里根本一分钱也存不下来。吉娅的理财导师小狗钱钱说，她的父母应该支付许可范围内最小的分期付款数目。

后来在小狗钱钱的主人金先生的引导下，吉娅父母把房贷占收入

* 是经双方协商，一致对利率、合同金额、还款方式等进行约定，双方也可以协商解除贷款关系。

的比例降到了32%。这样，他们每个月手头都会有现金，其中一半钱存起来应急，另一半钱用来理财。

原来的过度负债，导致吉娅父母为生活所累；现在的适度负债，不仅让整个家庭的每月负担减轻了，还能攒下钱，全家都非常开心。

婚姻经济学：
好好理财，比嫁个好丈夫更重要

我要赶紧找个丈夫嫁掉！

30岁之前，很多女性最大的困扰是——如何嫁出去。你有没有同感？

在我26岁的时候，老爸、老妈以及身边的各种亲戚就开始催婚了：“还没找到男朋友？赶紧找一个人来结婚、生孩子啊。”

关键是，我身边的同学、年龄相仿的同事，也是一个接一个地结婚，我每次收到喜帖就像收到“红色炸弹”一样，提醒自己：“咋还不嫁呢？”那时候的压力大到自己恨不得随便找一个差不多的人嫁了。

我的闺密小雯就是在这种压力下匆匆和一位对自己很好的

男生结婚了。那个男生对小雯好到只要她一举手想喝水，水杯就递到她面前的程度。她有什么不开心的事情，男生陪玩陪乐不在话下；若小雯身体不舒服，男生更是照顾得体贴入微。

这让还没从上一段失败恋情中恢复过来的小雯，仿佛找到了依靠。就这样，在30岁之前，她把自己嫁了出去。

刚开始的婚姻生活也是甜蜜的，很快，他们生了一个女儿。可当生活归于平淡，当丈夫忙着赚钱，当房子从两室变成三室，还雇用了一个住家阿姨时，小雯并不快乐。

丈夫忙得连陪孩子的时间都没有，更不用说陪她了，而且两人的夫妻生活特别少，可以按年来计算。一开始小雯还以为丈夫有外遇了，调查一番后，她发现并非如此。但这幸福之事就是提不上日程。

后来，小雯扪心自问："我究竟想要怎样的生活？我想要一个只管给自己钱的丈夫吗？"

于是她开始练习瑜伽，发现运动能治愈心灵。后来，她成了一名瑜伽教练，这不仅能让她自己快乐，也能让更多人快乐。

小雯逐渐意识到，她和丈夫之间的不和谐，其实是因为她摆错了丈夫的位置。丈夫就像她的浮板，她当年因为失恋而找到了他，当她慢慢能依靠自己的时候，却对浮板有了各种要求。可是，她没想过浮板的功能本来就很单一，并不能满足她不同层次的要求。

也就是说，小雯在错的时间找了错的人结婚。就这样，在她重获力量的时候，她和丈夫离婚了。她什么财产都不要，只要求孩子归她，孩子的生活费和学费由丈夫支付到孩子成年。

小雯的公婆都感到很疑惑，这个家庭没有第三者，为何他们非要离婚?

小雯心里却非常明白：自己之前陷入的是“30岁的魔咒”，现在她要过自己的生活。小雯后来开了一家瑜伽馆，生意不错，正在做加盟店。

我也是过来人，大多数女性很难逃过“30岁的魔咒”，匆匆结婚的大有人在。但关键是结婚生子后，你该如何面对婚姻。

婚姻不是你的唯一，自己的生活才是你的唯一。你想过成什么样子，只有靠自己努力争取。前提是你有经济基础，就像小雯，她是从瑜伽教练开始做起的，到开一家小店，再到做加盟店。我见过太多女性说丈夫不好，却没有对自己进行任何改造，经济上依然依附于丈夫，最后也只能长期忍受着婚姻的不和谐。

简而言之，想成为更好的自己，好好理财或者好好找一份自己想做的工作，比嫁一个好丈夫更重要。

→两个理财知识点

1. 沉没成本

你嫁了人，但婚姻不幸福，而你又不做出任何改变的话，其实你正在被沉没成本吞噬。

沉没成本是经济学概念，即已经付出且不可收回的成本。比如一个项目，明明已经亏钱了，投资者却想着之前的大额投入，始终不愿意放弃。

比如赌客去赌场下注，虽然输的金额已经超过自己的底线，但想着时来运转，自己还会赢回来的，又继续赌下去，结果越输越多；比如你不喜欢自己的工作，也一直没得到升迁，但你觉得为工作付出了很多，又不想跳槽，于是就把自己的青春耗在那里了。这些都是沉没成本运用到生活中的例子。

在股市上也是一样的。你买入一只股票，刚买的时候赚钱了，股票没过几天开始下跌，而且越跌越多，你不舍得卖掉就放在那儿。过了几年，你发现股票并没有什么起色，你就更不想卖掉了，想着反正都放了这么久。

“金融大鳄”索罗斯接受《福布斯》采访时，分享过对沉没成本的看法：“我不认为这种办法可以挽回损失，避免这种陷阱的最好方法是自问，如果手中没有这只股票，或者另外给你一笔钱，你会做出同样的投资决策吗？如果答案是否定的，那么最好卖了它，不能仅仅因为被套住了，为了心理上所谓的‘摊低成本’进而做出一个‘错上加错’的决定。”

也就是说，当你发现这只股票已没有投资价值，这份工作不值得你为它拼命时，你就应该立即止损离场。

这也是聪明的投资者的做法——当机立断、及时止损，不会因为自己之前投入的时间、精力与资金而迟迟不愿意放手。就像小雯，在婚姻中待得越久，她的沉没成本就越高。幸好她清醒得比较早，离婚让她摆脱了沉没成本。

插一句话，中国的很多夫妻不愿意离婚，是因为不想影响孩子的成长，可是他们并不知道，每天的冷眼相对或恶言恶语更会让孩子陷入不安状态，并对婚姻产生心理阴影。

对孩子来说，真正的幸福不是勉强维持的家，而是父母即使分开，依然很爱孩子的完整的爱。

2.机会成本

小雯当时选择结婚其实也是机会成本使然。机会成本泛指在做出一切选择后其中最大的损失。

比如当时选择30岁前结婚，小雯就错失了可能遇到的更合拍的人。同理，她选择两年后生孩子，就错失了工作上的升迁机会；她选择离婚，也错失了原本不用为柴米油盐发愁的主妇生活。

机会成本在生活中无处不在，最明显的是各种免费活动，如免费午餐、注册送礼包等。这些看上去是免费的，但实际上你付出了时间或者个人信息，这些都是机会成本。

生意上的合作也是同样的道理。有时候，我们因为贪便宜找了一位合作方，结果对方特别不靠谱，最后我们不仅浪费了时间，也错失了发展项目的最好时机。

投资大师查理·芒格在2018年接受采访时，提到了一个关于机会成本的故事。

几十年前，有人向我推荐300股贝尔里奇石油公司的股票，每股只要115美元。我了解了这家公司之后，觉得这是一笔非常好的买卖。我买了这些股票，因为我手头有钱。

过了一天，对方又向我推荐说还有1 500股可以买，以同样的价格。然而，这时我没有现金了，需要卖一些其他股票。我是可以做到的，但我感觉比较麻烦就没有买。

现在回过头来才发现，没买那1 500股是一个错误的决定，因为股价后来涨了很多。这个错误加上机会成本大概让我损失了50亿美元，不然我现在就会增加50亿美元的财富。

简而言之，你选择了这只股票（基金），可能就会错失另一只股票（基金）。所以，我们在投资前要了解好这只股票（基金），并问清楚自己："我们买的理由是什么，愿意继续购买吗？若下跌还会继续坚定持有吗？"只有这样，你才能做出明智的选择。

很多时候，选择比努力更重要。

2 构建个人的资产配置

导入构建的观念，把个人理财当公司来经营

我的闺密小雨是财务人员，工作之后，她就一直把个人理财当公司来经营，她说："个人和公司其实是一样的，也是有资产、负债和净值的。"

小雨的资产情况大概是这样的：年收入30万元，有两套房子，一套自住（无房贷），一套出租（有房贷），房租可以抵2/3的房贷，房贷每月还需还2 700元；她每个月花5 000元，每年可剩余约20万元，其中6万元作为流动资金，2万元是保险费，剩余的12万元用于投资基金，每年的年化收益率是6%。

虽然小雨每年都有闲钱，但她并不着急提前还第二套房的房贷，而是用闲钱来理财。每年，她还会用理财收益去旅游。

她每年都会按表2–1和表2–2来计算家庭资产。

表2-1　家庭资产分析

总资产	流动资产	现金
		活期存款
		货币基金
	投资资产	定期存款
		债券
		股票
		房产
	自用资产	汽车
		自住房
		其他耐用品
总负债	消费负债	信用卡负债
		其他途径的消费贷款
	投资负债	股票融资
		投资房贷款
	自用负债	房贷
		车贷

来源：中国人民银行“3·15金融消费者权益日”宣传手册。

表2-2　净值分类

流动净值	流动资产 - 消费负债
投资净值	投资资产 - 投资负债
自用净值	自用资产 - 自用负债

来源：中国人民银行“3·15金融消费者权益日”宣传手册。

资产不仅仅是指现金等流动资产，还包括股票、债券、房产等投资资产，以及汽车、自住房等自用资产。负债对应资产，包括信用卡等消费负债，含股票融资、投资房贷款的投资负债，以及房贷、车贷的自用负债。每一项的净值对应为每一项的资产减去负债（见表2–2）。

这里提醒一下，保险没有放在资产或是负债中，因为保险赔付是以保险事故的发生为前提的。我们很难界定它的性质，但用来计算家庭的结余时，它一般属于支出。

根据表2–1和表2–2，我们可用3个指标来监测自身的财务健康状况。

指标1　流动性比率=流动资产 ÷ 月支出

一般认为，家庭的流动性比率应为3~6。换句话说，可随时变现应急的资产要至少能够支撑3个月的家庭日常开支。

指标2　负债收入比=当月偿债支出 ÷ 当月收入 ×100%

一般认为，家庭每月的负债收入比不宜超过40%。若该比率过高，会影响家庭的财务健康状况。

指标3　资产负债率=总负债 ÷ 总资产 × 100%

家庭资产负债率反映了家庭的综合偿债能力，不宜超过50%。如果超过了，就要分析总体的负债情况并进行相应调整，防止家庭出现财务危机。

如何构建？
通过不同的账户进行资产配置

我认识一对夫妻，他们有一个可爱的孩子，家庭年收入有40多万元，持有一套无须还贷的自住房产。妻子不买名牌包包、衣服和鞋子，过得很随意，以至于丈夫都说她能不能不要把自己穿得像大婶一样。

按理说，这样的家庭应该有不少储蓄，可一起生活10年后，妻子盘点时发现，家里的资产也就20万元左右。

丈夫惊呆了，认为这不可能。他每个月交给妻子的家用费是1万元，10年下来有120万元，即使用了一半，也应该剩下60万元，这还没算上妻子的工资。

而妻子也觉得很冤，她说家里的花销很大，包括孩子的课外培训费、每年的旅游费、给父母的孝顺费、请客吃饭的人情费、养车费、保险费等。在妻子说了一通后，丈夫依然觉得有问题。

他们家的钱主要投资在股市，妻子每次发工资后就会把工资和家用费投入股市，可是股市里的钱也不见涨，反而越来越少，于是丈夫把家庭储蓄少的原因归结于妻子炒股亏了。这下，妻子喊冤了，她说自己之前是亏过一些，但也赚回来了，总体上是略有盈余。但因为她把家里的钱都放在股市，所以家里的开销基本是从股市里提取，赚的没有提取的速度快，以致股市里的钱越来越少了。对于这样的解释，丈夫持怀疑态度。

后来，丈夫提出不能把所有的钱放在股市，家里也要留有现金，因为他们都已步入中年，上有老、下有小，万一发生什么事情，也要有现金救急。

妻子后来听从了我的建议，把家里的资金分成了4个账户：应急账户、开支账户、钱生钱账户、保障账户。

第一个账户：应急账户，应对生病或失业后的各种开销，占收入的10%。

应急账户其实就是现金流账户，让你在失业或生病期间收入断档时依然能还得起各种贷款，能够应付日常生活。

一般来讲，个人从失业到就业，从生病到康复，差不多需要3个月的时间，因此我们最少需要预留3个月的现金流。若要应对更加严重的突发情况，如疫情或金融危机，那么现金流可适当预留6~12个月。

举个例子，若你每月还贷、生活费加起来是8 000元，那么最基本的现金流是2.4万元，比较稳妥的是4.8万~9.6万元。

现金流的配置要先于投资和消费，即有收入后应第一时间预留现金，再进行投资和消费。因为积攒现金流是细水长流的工作，所以预留的比例起码是10%，即如果你每月有1万元的收入，那么每月应拿出1 000元作为现金流储备。如果你想更快地攒够现金流，可每月多预留现金，等现金流满足3~6个月的需求后，可不再预留，把钱转入第二个或第三个账户。

第二个账户：开支账户，比如房贷、车贷、日常消费等，占收入的36%~50%。

这个账户很重要，它关乎你的信用。如果你总是延期还房贷、车贷或信用卡等，那么你的个人征信报告上将留有不良记录，以后想向银行贷款就比较难了。我的闺密小倩回老家买房，办理商业贷款时，就因为信用卡逾期超过6次被银行拒绝了。

为了保护好个人征信报告，一要按时还款，二要少借小额贷款。

现在，越来越多的第三方支付平台有一些类似信用卡的产品，但它们不是信用卡，属于小额贷款，一旦使用，个人征信报告上一般就会显示。若你频繁借还，那么银行会以为你的资金状况不好，等你想要申请房贷的时候，银行可能会拒绝放贷。因此，如果这些小额贷款不是必须使用的，那就尽量少用。

第三个账户：钱生钱账户，可用于理财的资金，占收入的30%~44%。

《伊索寓言》里《下金蛋的鹅》的故事最适合解释什么是钱生钱账户。

农夫汤姆和妻子埃琳娜很穷，他们靠卖鹅蛋为生。有一天，家里的鹅居然下了一个金蛋，能换好多钱，而且每天下一个，他们家的生活越来越好。

后来，他们希望鹅每天不止下一个蛋，于是给鹅吃最好的东西，可是鹅还是每天只下一个。他们想，鹅的肚子里会不会有很多金蛋。于是，汤姆和埃琳娜把鹅杀了，结果鹅的肚子里没有金蛋。从此，他们再也没有金蛋，生活再次陷入拮据状态。

这个故事告诉我们：要留着能生金蛋的鹅，这样你的钱才会源源不断。这个鹅就相当于钱生钱账户。

钱生钱账户放的一般是闲钱，是可以一到两年甚至更长时间用不到的钱，这样就可以投资一些中高风险的理财产品。

第四个账户：保障账户，如社保、商业保险等，占收入的10%。

社保、医保肯定要交，即使没有工作，你也要以自由职业者的身份去交。我们最好不要让社保、医保断档，毕竟在未来养老中，它们都是最基础的保障。

若想进一步转嫁生病、意外等风险，你就要考虑商业保险。尤其是家庭的经济主力，最好配齐重疾险、医疗险、寿险、意外险，而且是先给大人买保险再给孩子买保险。

我的一位朋友就受益于商业保险。她从25岁开始买重疾险，随着收入的提高，不断地给自己加保到164万元。2018年不幸被确诊为癌症时，她一次性获赔164万元，相当于未来好几年的生活费和营养费。正因为有这么多的赔付款，她才能无后顾之忧地全世界求医。

商业保险的保费不用太高，最好不要超过年收入的10%。若你每年交的保费太多，压力太大，有可能还没用上保险就被保费压得喘不过气了。

我的一位朋友家庭年收入是50万元，全家的保费是每年7万元。交了两年保费后，朋友觉得压力大想退保，此时却发现能拿回来的钱很少，只能作罢。

所以，保险要有，但要合理运用保险“以小撬大”的原理，即用低保费撬动高保额。若是保费高但保额不高的保险，尤其是那种保费倒挂（保费比保额还高）的保险，就没什么买的必要了，还不如好好理财，攒的钱也能在以后用于支付各种医疗费用。

当妻子构建完这4个账户后，丈夫心里踏实很多，而妻子也学会了不把钱都放在股市里，而是放在不同的账户里，并尝试不同的理财方式。

资产配置过程中防止被骗

我之前认识一位阿姨，她是一位老股民，在股市中有赚有赔，一直没离开过股市。她很羡慕身边的一些人能认购到拟上市公司的原始股，等公司上市原始股的解禁期过后，卖掉股票就赚钱了。于是，她到处寻找这样的机会。有一次，阿姨终于找到了。她很兴奋地和我说，国内的某公司正谋求在美国上市，上市前需要找公众股东，她准备去认购原始股。

我一听就感觉有点不靠谱：一是她是通过宣讲会知道这个项目的；二是大家都知道买到拟上市公司的原始股就相当于赚大钱，那公司又怎么会到处找公众股东呢？

于是，我陪她去了一趟项目宣讲会。到那里之后，我发现参加宣讲会的人还不少，一位西装笔挺的男士在介绍该项目，还煞有介事地准备好了合同。我看了一下，合同上的签约主体并不是拟上市的公司。宣讲会人员的说辞是，这是专门为公众股东成立的公司。如果最后公司未能上市，公众股东的钱怎么办？他们也想好了说辞："钱是不能退的，可以一直持有，等公司分红。"但他们旋即话锋一转，拍胸脯地说："基本上不会出现这种情况，因为公司上市已经是板上钉钉的事情了。"

听完宣讲会后，我和阿姨分析道："首先是签订合同的主体就不靠谱，其次是投资风险很高，万一公司不上市，这钱就打水漂了。"

阿姨在我的劝说下最终没有投资，而这家公司后来也被媒体报道是骗子公司。阿姨也松了一口气，说："还是要有点金融常识防止被骗。"没过多久，阿姨跟我说又有类似的宣讲会约她去听，这次她知道是骗局，一口回绝了。

除了原始股权转让骗局，外汇、黄金、原油也有虚拟盘骗局，都是忽悠人们去赚大钱。一些以高收益为幌子的互联网金融产品，也往往给投资者挖了大坑。

先说说外汇虚拟盘、黄金外盘、原油外盘等交易。

外汇虚拟盘交易，即所谓的机构往往会说自己持有印度尼西亚、新加坡等外汇牌照，是"正规军"，你只需要跟单交易，即你跟着高手一起下单，最后赚取的利润70%归投资者，15%归操盘者。

只要跟着高手操作，月收益率有10%~30%，听着就让人很心动。很多人一开始投点小钱，玩久了便觉得平台很真实，盈利很高，提现也很方便，于是投的钱越来越多。

他们哪里知道这些都是虚假的外汇交易，高手带单、后台的账户金额及交易记录都是假的，投资者根本没有进入国际外汇保证金交易市场。

这其实是博傻游戏*，目的是让参与者拉人头发展下线，鼓励参与者拉新人拿佣金，把一拨拨想着一夜暴富的人骗进来。最后，平台觉得赚够了要跑路时就会爆仓，即造成所有人的钱一夜之间因为市场波动而亏空的假象，实现完美骗局。

我国法律明确规定，不允许网络平台参与外汇保证金交易，这些交易不受法律保护。

还有一点，在我国，超过3级的分销体系就会被定义为传销，而这些外汇虚拟盘很多会有5级或6级的分销体系，这和传销没有区别。

黄金外盘交易、原油外盘交易也是类似的手法。

有些声称有中国香港或英国等黄金牌照、原油牌照的公司，表面上帮你把钱汇到了你在香港的交易账户，给你造成一种钱还在自己名下的假象，实际上钱已到了地下炒黄金的公司的个人账户。客户账户上显示的资金，只是一组数字而已。最后，这些公司也是以爆仓为幌子，说你的钱亏完了，骗走了你的所有资金。

那国内就没有正规的外汇、黄金、原油交易平台吗？有的。

---

* 是指在资本市场中，人们完全不管某个东西的真实价值而愿意花高价购买，是因为他们预期会有一个更大的笨蛋花更高的价格从自己那儿把它买走。

国内的外汇交易一般是在可做外汇交易的银行进行的。

想进行黄金交易，国内有两个交易所——上海黄金交易所和上海期货交易所。银行也有黄金交易平台，可进行包括纸黄金、黄金积存、黄金T+D* 等交易。

想进行原油交易，国内也有两个官方认可的交易所——上海期货交易所和上海国际能源交易中心。银行也开发了纸原油业务。

总之，记住一句话，外汇、黄金和原油的交易平台不包括公司，凡是说某某机构，或者说公司获得了其他国家或地区的外汇、黄金牌照在国内开展业务的，大家都不要轻易相信。若是因为别人说稳赚不赔就贸然冲进去，最后吃亏的往往是自己。

说明一下，即使是通过银行的正规渠道，如外汇宝、纸黄金、原油宝这类产品进行交易，风险并不低。如果没有相关的专业知识，小白们不宜参与。尤其是原油宝，在2020年4月就出现了投资者巨亏的情况。

原油宝究竟发生了什么？我们根据当时的相关报道回顾一下（若和实际情况有出入，请以实际情况为准）。

2020年4月21日凌晨，国际油价出现史上第一次负值记录，美国纽约WTI（美国西得克萨斯轻质中间基原油）5月到期

---

* 是指由上海黄金交易所统一制定的、规定在将来的某一时间或地点交割一定数量标的物的标准化合约。

的原油期货创下不可思议的每桶–37.63美元。

4月22日，中国银行宣布，WTI原油5月期货合约CME（芝加哥商品交易所）官方结算价每桶–37.63美元为有效价格。这直接导致投资者不仅亏光了本金，还要赔钱给银行，以此填补负油价带来的持仓亏损。

中国银行原油宝事件中争议较大的便是结算时间。据公开资料显示，按照合同，中国银行应该在4月20日22点停止投资者的交易并启动移仓，当时的原油期货结算价格是每桶11.7美元，但中国银行最后公布的结算价格是以次日凌晨2点30分的结算价格为准的，而此时的价格是每桶–37.63美元，折合人民币约为每桶–266.12元。

在中国银行之前，工商银行、建设银行、民生银行等国内银行都已在一周前为投资者完成了移仓，避免了更为巨大的损失。从中国银行原油宝的交易制度，特别是移仓的制度来讲，有非常不合理的地方：到了临近交割日期进行集中移仓，更容易出现流动性风险。

这个事件一方面突显了银行交易规则的不完善，另一方面也显示出不少投资者并不了解原油宝。他们以为亏完本金就完了，没想到因为涉及的是期货交易，还要倒赔钱。虽然经过银行的拆分，原油宝的风险已经降低了，但是这种带期货性质的高风险产品，小白还是不碰为妙。

再说说前几年大热的互联网金融产品。

互联网金融产品的代表就是这几年热度很高的P2P（点对点网络借款），不少机构给出20%、30%，甚至是更高的年化收益率来吸引投资者。不过我一直没有碰，顾虑有两点：一是P2P当时处于监管的空白地带，二是我不看好它的商业发展模式。

P2P平台是公开的集资和放贷平台，撮合了个体和个体之间的贷款，赚取的是高利率的利息差，风险在于借款人的信用和能力问题——他能不能按期还钱。如果借款人不还了，怎么办？于是，P2P平台找来第三方担保公司先行垫付。你觉得这种模式能持续多久？

根据国家规定，融资性担保公司的融资性担保责任余额不得超过其净资产（注册资本）的10倍。如果这家担保公司的履约能力有限，那么在P2P平台的大额贷款出现逾期后，担保公司是无能力垫付的。

想想都觉得P2P平台很难长期运转下去，公司都有可能赖账，更何况是个人呢？果不其然，个人欠账的金额越滚越大后，P2P平台开始"爆雷"，平台老板携款跑路的事件屡见不鲜。

一开始监管部门还没介入，平台倒闭后，甚至出现了借款人想还钱却找不到平台的状况。监管部门介入后，平台即使倒闭了，相关部门也会找借款人还钱，并把收回的钱还给出借人。若平台的人跑路，监管部门便会将案件交给经济犯罪侦查局去跟进。

后来，监管部门要求P2P平台逐渐良性退出，也就是说，不允许它们再做增量业务，做完存量业务就算了。于是，实力雄厚的P2P平台就转型为金融服务平台，实力稍弱的就只能关门大吉。

中国银行保险监督管理委员会主席郭树清说："理财产品（年化）收益率超过6%就要打问号，超过8%就很危险，超过10%就要做好损失全部本金的准备。"那么有哪些正规的投资渠道呢？目前，受到国家监管的投资渠道包括银行、保险公司、证券公司（也称券商）、基金公司、期货公司、信托公司。在这些机构的官方平台，投资者都可以放心投资。

但对小白来讲，期货公司和信托公司的产品不太适合：一是因为期货产品带杠杆，要有保证金，风险高；二是因为信托产品基本是百万元起步，产品风险各异，不懂的话容易赔钱。小白比较适合银行、保险公司、证券公司和基金公司的产品。

如何鉴定这些产品的真伪呢？银行的理财产品可通过查询产品登记编码来辨别。银行和银行理财子公司发行的产品都需要在全国银行业理财信息登记系统进行登记，并获得以大写字母开头的14位或15位的产品登记编码。投资者可登录中国理财网（www.chinawealth.com.cn），输入对应编码来验证产品真伪。而购买保险公司、证券公司、基金公司的产品，则要看清它们的发行主体，如果是具有资质的发行主体发行的，投资者可安心购买。

目前还有不少第三方金融中介平台可以代销银行、保险公司、证券公司和基金公司的产品，投资者更要看清产品的发行主体和购买条款，不是有资质的发行主体发行的则不要买。尤其要注意的是，这些第三方金融中介平台也会代销一些新兴的互联网金融产品，若没搞清楚互联网金融产品的底层逻辑，投资者不宜轻举妄动。

此外，对小白来讲，尽量不要买带杠杆的产品。杠杆可以扩大收益，也可扩大亏损，比如你原来赚5%，用20倍杠杆能赚100%，可别忘了盈亏同源，若你亏5%，用20倍杠杆也能亏100%。

了解各种理财工具，预判投资风险

姑姑有一天很神秘地跟我说，她在银行买了一款理财产品，年化收益率为5%。我一听，还不错，让她赶紧告诉我是什么好东西。结果一看，原来是保险产品。

姑姑傻眼了。她说银行经理当时没有说这是保险产品，只是告诉她一次性存入5万元，每年有5%的收益率，5年后到期时连本带息返还。姑姑觉得这比3年期的定期存款的利率都要高，就毫不犹豫地买了。

姑姑买保险产品的弊端在于：第一，若家里有急事，想提前把钱取出来就算退保，而保险产品提前退保只能拿回比本金少的钱；第二，年化收益率为5%，这是参考利率，实际上最终能获得多少是未知数。

随后，姑姑发出了“灵魂拷问”：“银行可以卖保险产品吗？”可以的，有些金融机构的产品是可以交叉销售的。比如保险公司和基金公司的产品，因为公司本身没多少网点，所以会让银行或证券公司来代销。这样一来，你在银行可以买到保险、基金和信托等产品，在证券公司也能买到基金产品。

这时候，如果不想买错理财产品，你就要拥有一双“火眼金睛”，知道自己买的是什么。

有些产品是特定的机构才能销售或操作的，比如储蓄国债只在银行发行，股票只在证券公司的账户进行交易，期货只在期货的账户进行交易，等等。

更准确地说，姑姑买的是银保产品，即投资者通过银行柜台买到的保险，它最大的卖点是有保障和不固定的高息。

我们以常见的3种银保产品来逐一分析，包括万能险、分红险和年金险。

万能险：合同上有保证利率，目前监管部门允许的责任准备金评估利率上限为3%，但保证利率之上的利息是不确定的。只能说，本金和承诺的保证利率这两部分是绝对安全的。

分红险：保险的分红源于保险公司每年的可分配盈余，监管部门规定，分红时分配的比例不少于可分配盈余的70%。如果保险公司当年没有可分配盈余，则分红可能为零，但不会出现本金亏损。

年金险：投保时双方已约定好年金的领取时间，以及每年领取的金额。这属于固定收益产品，资金安全受法律保护。

这3种产品，唯一能确定的是本金不会亏损，但在收益方面，则是“各自安好”。比如万能险说是本金存5年，年化收益率是5.4%，实际上这是参考利率，我们能确定的只有合同中的保证利率，比如是3%。而分红险的波动要更大一些，它要看保险公司的赢利能力，因为只有保险公司有可分配盈余了，才能进行分红，收益就更难确定。年金险是指从约定的时间开始，每年都可以向投资者提供固定金额的年金，活多少年就可以领多少年的年金，听起来很多，实际上年化收益率也就在3%～4%。

如果你手中有30万元，可考虑银行的大额存单。目前来看，30万元若存两年，年利率在3%以上；若存3年，年利率接近4%（无法判断年利率在未来是否会走低）。并且，银行存款可随时提取，不会像保险产品那样提前取出要亏本金。

天上不会无缘无故地掉馅饼，高息背后的逻辑是什么，我们要搞懂了才能进行投资。比如，还有一款银保产品叫投连险，尤其是激进型的投连险，收益率可以很高，好的时候收益率可以超30%，差的时候亏损率也会超30%。那是因为这款产品是投保人通过保险公司向股票、债券、货币等资本市场进行投资所获的收益。这有点像基金产品，收益可高可低，不保证本金，风险更高。这种产品就不适合老人和接受不了高风险的小白买。

可不少人如我姑姑一样，不知道自己买的是保险产品，这怎么办？有一个比较简单的辨别方法。

如果银行人员让你进行录音和录像，那你购买的基本是保险产品。因为自2017年11月1日起正式实施的《保险销售行为可回溯管理暂行办法》规定，保险兼业代理机构销售超过1年的人身保险产品时，需进行录音、录像（俗称“双录”）。

不过，也有些银行网点注意到了规定的宽松地带。在银保监会第265号文中，利用保险兼业代理机构营业场所内自助终端等设备销售保险产品时，未提出“双录”的要求。于是，有些银行人员会引导投资者通过手机银行等方式完成购买保险产品，规避“双录”环节。

这时候就要求投资者在购买的时候看清楚合同，或者问清楚银行人员产品发行的主体是否为保险公司。

即便你买了保险产品，也不用太担心，因为保单一般有10~15天的犹豫期，投资者在犹豫期内退保是可以拿回全款的。如果过了犹豫期，投资者只能坚持到保险期满，或接受损失退保。

一般来说，这种既有保障又有理财功能的保险产品收益率都不高，且因为是保险产品，想提前取出来很麻烦。如果不是出于资产配置的需求，投资者不适宜购买这类保障加理财的保险产品。

买理财产品，关键是搞懂它们的底层逻辑，只有这样，才能做到真正避雷。比如，你知道在基金公司买的货币基金和在银行、证券公司买的现金类管理产品有什么区别吗？

其实，它们是同类型产品。因为它们的投资范畴基本是银行同业拆借*、中央银行票据等现金类业务，而这些投资不光基金公司可以做，银行、证券公司也可以做。只是这样的投资产品在银行、证券公司不叫货币基金，它们可能会被称为现金管理类产品。

如果你知道自己买的是现金管理类产品，那么无论你是在基金公司、银行，还是在证券公司买的，基本都属于无风险产品。

需要记住一点的是，在银行、证券公司、保险公司、基金公司等渠道买理财产品，都有高风险和低风险之分。风险的高低，不在于你在哪里购买，而在于你买的是什么产品。比如投资方向是现金管理类的，如中央银行票据、同业拆借等，基本无风险；投资方向是纯债券类的，如公司债、信用债等，有亏损的可能，但属于低风险。投资方向是股票的，就要看投资比例，若股票占比比较小，属于中等风险；若股票占比很高，那就是高风险了。

对理财产品的投资风险进行排序是：存款产品＜现金管理类产品＜债券＜基金＜股票＜期货。

投资者的唯一准则，就是不懂的东西不要去碰。

---

* 是指金融机构之间进行短期资金相互拆借。

若经济不好，该如何应对？

我的朋友小莹是一位高风险投资爱好者，她认为股市能让自己实现一夜暴富，所以她在股市永远是满仓，今天赚了卖出后，马上买入另一只股票。在股市行情好的时候，她的收益尚可，但从2018年开始，她被股市套牢了。也就在那个时候，经济下滑，她的咖啡店生意也开始变差。小莹以为2020年情况会变好，结果新冠肺炎疫情暴发，让她的生意完全无法开展。

她开始担心，如果经济不见好转，自己该如何应对？她的资金基本被套在股市，而生意也毫无起色。

“只有退潮时，才知道谁在裸泳”，这句话很适合放在小莹身上。她是典型的无风险管理者，没有进行激进型和防守型资产的均衡配置。

美林证券公司研究得出的“美林投资时钟”理论认为，按照经济增长与通货膨胀的不同搭配，可将经济周期分为4个阶段：衰退阶段、过热阶段、滞胀阶段、复苏阶段。当经济下行处于衰退阶段时，企业盈利下滑，最适宜投资债券；当经济上行处于复苏阶段时，最适宜投资股票。也就是说，债券市场的熊市和牛市，与经济的兴衰是相反的。

当经济下行时，中国人民银行降息，10年期国债利率走低，市场上不差钱，债券价格就会上涨，就会迎来债市的牛市；反之，经济上行，中国人民银行加息，10年期国债利率走高，债券价格就会下降，就会迎来债市的熊市（见图2-1）。

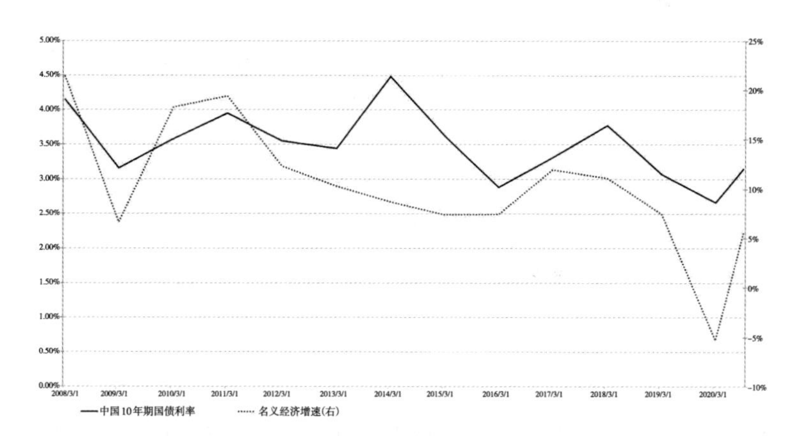

图2-1　中国10年期国债利率与经济基本面的关系

来源：Wind资讯，数据统计区间为2008.03.01-2020.09.01。

因此，对小莹来讲，在经济下行的时候，她应该减少股票投资，增加债券投资。

债券市场的产品有不少，债券基金是我们最容易入手的。

债券基金，是指用80%以上的资产去投资国债、金融债和企业债等各类债券的基金，大致可分为纯债基金、一级债基、二级债基、可转债基金（见表2-3）。

表2-3　债券基金分类以及投资范畴

分类	投资范畴
纯债基金	100%投资债券，分为短债基金和长债基金
一级债基	主要投资债券和新债申购
二级债基	主要投资债券，少量投资股票和新股申购
可转债基金	主要投资可转债，可少量投资股票

一级债基、二级债基、可转债基金，因为和股市有关联，若经济下行且股市经历熊市，那么这类债券基金的风险要高些。但与股市不沾边的纯债基金，更适合作为经济下行时期的资产配置。

我们来看看纯债基金的历史收益。纯债基金从2005年到2016年经历过熊市和牛市，没有在任何一个年份出现过亏损，即使在2009年、2011年、2013年和2016年的熊市中，它也有1%左右的年化收益率。

如果你实在是运气不好，在2016年10月买入一只纯债基金，紧接着在11~12月遇到了债券市场暴跌，纯债基金产生亏损，最大的跌幅可能达到5%。但只要你坚持持有超过1年，那么你还是会有收益的。若你刚好遇到债券市场牛市，如2006年、2007年、2014年、2015年，那么纯债基金的收益率有不少能超过10%。总结来看，从2005年到2016年，纯债基金的平均年化收益率在6%左右。

而从2016年开始，债券市场在2017年经过短暂回调后，就进入了缓慢爬升的牛市。这次牛市从2018年持续到2020年5月，之后开始下跌，市场进入调整期（见图2–2）。

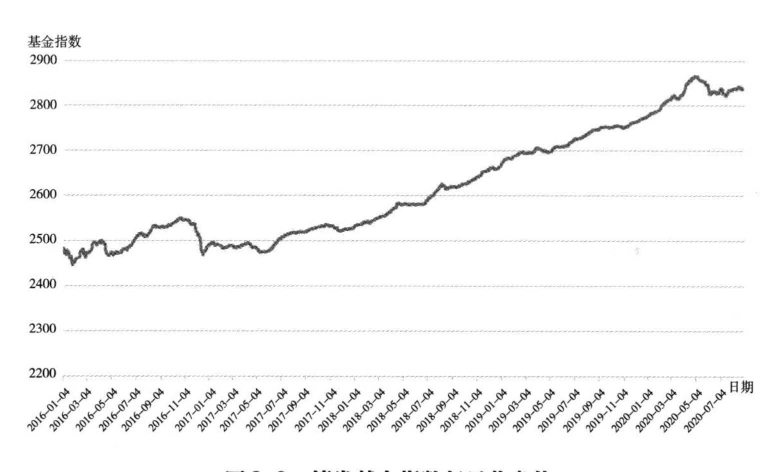

图2-2　债券基金指数每日收盘价

来源：Choice金融终端。

展望后市，债券市场的涨幅应该不会有以前这么高，但因为各国央行集体“大放水”，如果经济下行的趋势没有改变，债券基金也不会跌到哪里去。也就是说，作为防守型的债券基金，在经济下行时会收获牛市，在经济上行时也不会亏损太多。

那如何选择纯债基金呢？纯债基金有短债基金和长债基金之分，短债基金是投资1年以内到期的债券；相对地，长债基金就是投资1年以上到期的债券。因为短债基金受利率影响小，只会偶尔出现小幅亏损，所以从风险更低的角度来看，短债基金更值得拥有。

短债基金也有很多种，怎么选？可参考以下指标：

- 发行时间超过3年；
- 近3年业绩（收益率）排名靠前；
- 基金规模在2亿元以上；
- 自成立以来收益高。

按上述指标，我们大致选出了3只基金：嘉实超短债债券、大成景安短融债券、博时安盈债券。这3只基金从成立以来年收益率均为正，其中嘉实超短债债券成立时间超10年。

基金的筛选可以通过天天基金网来完成：进入天天基金网首页，找到基金排行，选择债券型，再选短期纯债，然后按照上述指标进行筛选即可。长债基金也可以按照上述指标进行筛选。

长期来看，长债基金的收益率会比短债基金高，但风险也会相对高一些，因为它很容易踩雷。比如，近3年（2018–2020年）收益率排名靠前的长债基金中，第一名是泰达宏利溢利债券，其近1年的收益率也有147.64%，比股票基金的收益好太多。

究其原因，泰达宏利溢利债券在2019年9月有大额赎回，且持有不足7天产生的惩罚性赎回费全部计入基金资产，便推高了基金收益率。同样地，近3年收益率排名第二的金信民兴债券也遭遇了大额赎回，导致净值上涨，令其排名靠前。

所以，在筛选长债基金的时候，我们要警惕业绩比其他同类型基金暴增1倍以上的基金，因为这种大额赎回引起的偶发性情形不代表其业绩的真实水平，要予以排除。

说完纯债基金后，还有一种债券基金也不错——定开债券基金。定开债券基金的关键字是“开”和“定”，指基金申购的时候是开放式的，可在支付宝等场外平台申购，即所谓的“开”；基金申购后有封闭期，即所谓的“定”，封闭期一般在半年至3年。

它为什么要有封闭期？这是为了避免投资人随时赎回而打乱基金经理的投资布局。

如何选择定开债券基金？也可以沿用刚才说的选择短债基

金的思路：根据近3年业绩排名情况、基金规模、成立以来的收益率等来选择。

筛选定开债券基金时，还有3点要注意：只选定开债的纯债基金，不选杠杆太高的债券基金，封闭期最好为1年。

进行任何投资都需要我们提前做好功课，并在不同的经济周期配置相应的资产，从而做到资产保值、增值。

3 女性各年龄段理财重点

毕业前：
把时间花在自我提升上

我的一位实习生大三在读时，妈妈给了她5 000元，让她学习理财。实习生一开始不懂，乱买了一些基金。当基金赚钱时，她很开心，但基金一旦亏损一点点，她就很慌。我对她说：“你心里会慌，是因为你不确定基金会不会涨回来。如果你研究了基金背后的基金经理、历史业绩，再结合目前市场的表现，你大概就知道，它现在的下跌一点都不影响未来的上涨。当然，这个前提是，你选了一只优质的基金。”

她听懂后，按照这个思路重新选了基金。这次她再也不怕基金一时的涨跌，因为她知道，只要长期持有，该基金就会有不错的收益。

对年轻人来讲，理财对财富积累来说是加分项，但只有高收入才是财富积累的根本。要想实现理财效益最大化，就要有更多的本金，要有更高的收入。

那如何才能有更高的收入呢？——把时间花在自我提升上。

其实，不少学生在毕业前没有什么方向感，想着走一步算一步，在被生活推着往前走，完全没有“自我提升”的驱动力，更别谈人生目标了。

然而，有调查显示，有目标的人生和没目标的人生相差很大。据说哈佛大学曾对一群智力、学历、环境等客观条件都差不多的年轻人做过一项长达25年的名为“目标感对人生的影响”的跟踪调查。

经调查发现，3%的年轻人有清晰且长远的目标，他们能一直坚持目标，在25年后几乎成为各领域的顶尖人士，实现了财富自由；10%的年轻人有清晰但比较短期的目标，他们能不断实现短期目标，在25年后大多成为专业人士，比如医生、律师等；60%的年轻人目标模糊，他们只有一份安稳的工作，没有什么特别的成就；27%的年轻人没有目标，他们经常处于失业状态。

如果该调查是真的，那结果很好地说明了，你想优于同龄人的话，不仅要确立目标，而且要确立长远目标，并为之坚持不懈地奋斗。

在这个过程中，只有不断地自我提升，你才能实现长远目标，而不断地自我提升则需要坚持。

坚持，真的很难。周杰伦在采访中说过，如果没有母亲坚持不懈的督促，可能就没有自己后来所取得的音乐成就。周杰伦的童年时光几乎都在钢琴边度过，他每次练琴时，母亲就拿着一根藤条站在后面，一直盯着他练琴。

著名钢琴家郎朗也说过："哪有什么兴趣，兴趣都是练出来的。"郎朗的父亲对儿子严苛的教育方式，一度被人称为"狼式教育"。多年以后，回首童年时被父亲棍棒相加强迫练琴的岁月，郎朗已完全释怀，他说："我很幸运，有这样一个伟大的父亲。"

很多时候，不逼一逼自己，你并不知道能力上限在哪里。当你想要获得某些成就的时候，就不要轻言放弃，要学会坚持，学会克服困难。

如果觉得目标太大，很难实现，那么你可以尝试拆解目标，先从实现小目标开始。比如，你现在是中文系的学生，但是你想成为律师，怎么实现呢？首先，你可以去选修法律专业，说不定还可以获得双学士学位——文学学士和法学学士。其次，如果你觉得基础知识不够，可继续攻读法律专业的研究生。这样一步一步来，你就能不断靠近当律师的目标了。

年轻人真的不用怕试错。你读的专业不一定就是你未来的工作方向，你若更喜欢其他工作，那就勇敢地去找相关的单位实习，表现出热忱，并且不断学习，最终也能成功。

我认识的一位"90后"男孩，他学的是工科，但因为喜欢一家以引进日本动漫为主要业务的视频公司，他就自学日语，并去了这家公司实习，最后成功留在那里工作。

除了关注自我提升，我们还要在外在形象上给自己加分，从而助力自己获得更好的职场机会和收入。

有一个真实的例子很生动地说明了这一点。

有一位穷学生就要从耶鲁大学毕业了，他开始准备各种面试。一位年轻的教授对他说："在职场上不光得让他们知道你的能力，还要塑造好你的形象。"热心的教授向他推荐了一本书，叫《为成功而打扮》。

这本书教男生如何挑选西服、衬衣、领带、鞋子、袜子、皮带、公文包、钢笔等，尤其强调不要让妻子、女朋友帮你买职场服装，因为她们看中的往往不适合职场。更重要的是，这本书推荐的行头都很经典、很贵，不是在沃尔玛超市就能买到的便宜货。

穷学生一听傻眼了，心想自己哪有几千美元啊？热心的教授笑了："你不能把它看成消费，而应该把它当成投资，当成对你未来职业的投资。"

最终，穷学生鼓足勇气去银行借了钱，买了一身行头，果然找到了一份很好的工作。这个穷学生现在很有名，他叫陈志武，是国际知名经济学家、香港大学亚洲环球研究所所长。

每个圈子、每个群体，都有自己默认的外在价值标准和内在价值标准，不达标是进不去的。

初入职场：学会记账，月入5 000元也可以攒钱

初入职场的你们是不是对这个问题都感到挺疑惑的——收入不多，该如何攒钱？

《2020年中国大学生就业报告》显示，2019届本科毕业生的平均月收入是5 440元。可一提到月入5 000元，不少人会觉得“钱太少，理财离自己还太远，等以后再说吧”。这样的想法其实很“危险”。

刚大学毕业的小高是培训学校的老师，底薪是4 000元，加上绩效，平均月收入在5 500元左右。她觉得在广州生活，这点收入一下子就能花完：租房水电1 500元，饮食社交1 500元，生活日用1 000元，偶尔加餐、购物1 000元，剩下500元左右。所以小高根本没想过理财。

小高最害怕的是逢年过节，还有亲友过生日、结婚，因为她又得花一大笔钱。一年到头，她的这点收入刚好能养活自己，自己还不敢生病，每当急需用钱就得靠借。

但是，月入5 000元真的很少吗？

这是来自国家统计局的数据：在2019年，全国人均可支配收入的中位数是26 523元，月均2 210元。这意味着月入5 000元，就已超过全国人均水平了。

可收入不高真的可以理财吗？我们同样用数据说话。

小A和小C同样月入5 000元，每月结余2 000元，5年后会发生什么？

小A将每月结余的2 000元用于理财，年化收益率为8%，5年后她的本金为12万元，按复利算的收益为2.79万元。

小C把每月结余的2 000元放在银行，按活期利率0.35%计算，这5年的利息只有1 067.5元。

可以看到，就算是同等薪资水平的两人，也会因理财与否而拉大资产差距。所以理财的关键不在于钱多钱少，而在于是否开始行动。

月入5 000元，应该如何开始理财呢？我的建议是：先做好记账，增加可理财的金额。

记账，是为了揪出自己的“拿铁因子”。什么是拿铁因子？它源于一个故事：一对夫妻，每天早上必定要喝两杯拿铁咖啡。有一天，一位理财顾问告诉夫妻，如果每天少喝这两杯拿铁咖啡，30年后他们可以省下70万元。

后来，人们就以“拿铁因子”来指生活中不必要的开销。比如，你家里囤了几十支口红，自己恨不得集齐所有色号；你抵挡不住百货商场里打折的诱惑，衣柜里有一堆没穿过的衣服；你喜欢小饰品，经常买很多回来放着。这些看似不起眼的花费，加起来却有可能掏空你的钱包。如果你能每个月好好记账，就可以从中分析、找出不必要的花费，长此以往便能节省一大笔钱。

小高的生活中就有很多“拿铁因子”，她便开始每天记账，购买物品前会反复问自己3遍：“这真的有必要买吗？”有必要买的标准是：1周、1个月、1年后，这件物品对自己仍有着深远的影响。

小高记账3个月后发现，奶茶和夜宵的花费居然有1 000元，她这才意识到自己的“小资生活”浪费了这么多钱。于是，小高把奶茶、夜宵戒了，口红也少买了。同时，对于非必要的大件商品，小高也会在线上渠道货比三家。

通过“有必要买吗”的询问方式，小高避免了很多冲动消费，每月结余从500元变成2 000元。

总是有人问记账是否要事无巨细地全部记录下来。若是的话，估计不到两天你就不想记账了。

不用担心，记账也有简便的方法。如果你平常多用微信或支付宝支付，可以直接用微信或支付宝的账单功能。每月把微信和支付宝的账单合并一下，基本上就能算出自己这个月花了多少钱。若你使用信用卡，可以下载相关银行的客户端，在客户端中便会显示每月账单。

微信的账单叫“月账单”，支付宝的账单叫“记账本”，都能显示当月收支构成和收支排行榜，这样你就能看到自己是否买太多小零食，或者出行的花销是否太多等。

记账最大的用处是了解钱花在哪里，以及哪些钱花得不合理。然而，我身边还是有不少“90后”女生说，自己真的很难存下钱，每个月要算上花呗才够用。

对于这样的情况，我们可以尝试先定个存钱的小目标：每天递增存1元，或每周递增存10元。1年下来，你也能存下不少钱。

每天等额递增存1元，即“365天存钱法”：第一天存1元，第二天存2元，第三天存3元……以此类推，365天后，你最终能存下66 795元。

每周等额递增10元，即“52周存钱法”：第一周存10元，第二周存20元，第三周存30元……以此类推，52周后，你最终能存下13 780元（见表3-1）。

表3-1　52周存款计划

时间（周）	存入（元）	账户累计（元）	时间（周）	存入（元）	账户累计（元）
1	10	10	27	270	3 780
2	20	30	28	280	4 060
3	30	60	29	290	4 350
4	40	100	30	300	4 650
5	50	150	31	310	4 960
6	60	210	32	320	5 280
7	70	280	33	330	5 610
8	80	360	34	340	5 950

（续表）

时间（周）	存入（元）	账户累计（元）	时间（周）	存入（元）	账户累计（元）
9	90	450	35	350	6 300
10	100	550	36	360	6 660
11	110	660	37	370	7 030
12	120	780	38	380	7 410
13	130	910	39	390	7 800
14	140	1 050	40	400	8 200
15	150	1 200	41	410	8 610
16	160	1 360	42	420	9 030
17	170	1 530	43	430	9 460
18	180	1 710	44	440	9 900
19	190	1 900	45	450	10 350
20	200	2 100	46	460	10 810
21	210	2 310	47	470	11 280
22	220	2 530	48	480	11 760
23	230	2 760	49	490	12 250
24	240	3 000	50	500	12 750
25	250	3 250	51	510	13 260
26	260	3 510	52	520	13 780

有人说，无论是“365天存钱法”，还是“52周存钱法”，一开始很容易做到，越到后面就越难了，因为金额越来越大。这时候，你就要转变观念，不能总是先想着支出，而要把支出放在结余之后，即把传统记账公式中的支出和结余的位置换一下。

传统记账公式是：收入－支出＝结余。

换位置之后变成：收入－结余＝支出。

每次发工资之后，先把需结余的金额扣掉，剩下的才是支出。在这种方法下，任何人都很难存不了钱吧？

如果能坚持下去，你还可以尝试“12张存单法”——定期存款的进阶玩法，即每个月固定存入一笔钱，比如按月定存1 000元，存期为1年，持续12个月。

那么到第二年的时候，你手上就会有12张存期为1年的定期存单，而且此时你第一个月存的钱已经到期，可以连本带息取出来，加上这个月的固定存款1 000元再存进去，继续存1年，由此实现复利，形成良性循环。

如果你不想自己尝试“12张存单法”，可以尝试使用银行的一个挺好用的功能，叫零存整取。我之前是在工商银行操作的，每个月发工资之后，就存500元到零存整取的账户里，1年后，我发现该账户里已经积少成多，攒了6 000元，还挺令人开心的。

现在，银行一般不太推荐零存整取，比如工商银行便开始推荐“定活通”了，即在活期账户上设置保留金额，当账户金额大于保留金额时，系统就会自动将超出部分按整数倍转为定期存款。比如设定1 000元为保留金额，大于1 000元的部分会按整数倍自动转为定期存款。当你需要取款或还信用卡时，也能随时取用。

攒钱真的会上瘾。理财小白Tandy（坦迪）说，自己本来有买600元的香水的冲动，但转念一想，只花100元也能买到不错的香水，这样可以省下500元用来理财，1年后又能攒下不少钱。

30岁前：攒到100万元

如果从毕业开始攒钱，那么你要多久才能攒到人生的第一个100万元？

以小A为例，他18岁读大学，22岁开始工作，每年攒5万元，20年后，即他在42岁时可以攒到100万元。若他把每年攒的5万元用于理财，年收益率为10%，那他可在33岁时攒到约102万元。

一个大学毕业生，只有一份收入，如果理财得当，他在11年后便能成为百万富翁。

如果本金或收益率能提高，一个人成为百万富翁的时间就会缩短。若小A每年攒8万元用于理财，年收益率同为10%，那么他在 30岁时就能攒到100万元；若小A每年攒5万元，但年收益率提高到15%，那么他在32岁时就能攒到约117万元。

如果是一个小家庭，两个人一起攒，每人分别攒4万元，那么只需要8年，家庭资产就可达到百万元。

如果想在30岁前攒到100万元，这里有两个前提：第一个是，从22岁开始，每年攒8万元用于理财；第二个是，每年理财的年化收益率为10%。

第一个前提和自身的收入有关，因此我们要精进自己的业务能力，并做到开源节流。第二个前提如何实现呢？我们先来听听定投基金的故事。媒体报道过中国台湾“基民”张梦翔坚持11年定投日股基金，年化收益率高达19%。中间发生了什么，让我们来大致还原一下。

故事开始的时间是1996年，张梦翔当时评估日股会反弹，于是定投了一支日股基金（QDII，即合格境内机构投资者）。没想到，他定投的第一个月，日股大跌8%，此后依然“跌跌不休”，最惨时，日股基金竟跌了40%。这可怎么办？是停止定投，投资别的市场和基金吗？

但张梦翔一想，定投最重要的精神是“越跌越买”，如此才能摊低成本，待行情反弹时，才可能成倍地获利。于是，他选择继续定投下去。

在经历了漫长的38个月后，日股终于逐渐攀升，在指数涨超18 000点后，他定投的基金获利90%。虽然此时指数的点位比他第一次定投时的点位要低，但因为他坚持定投，使得成本足够低，所以不用回到原来的点位也能获利。算下来，他定投38个月的年化收益率超14%，这让他笑逐颜开地卖出，获利离场。

这次定投的成功经验让张梦翔成为定投的坚定支持者。

在资金落袋为安之后，他没有停止定投，依旧按原计划每月扣款。尽管日股基金后来又是连跌3年，但因为有了上一次的经验，这次无论日股跌成什么样，他只做一个动作，那就是每月坚持定投。

终于在2005年8月，日股指数再次上扬到13 000点，虽然该点位比他上一次获利离场时还低了5 000点，但他定投的基金收益率已超100%，达到了他止盈的目标。和上次一样，他获利离场后继续坚持定投。到2007年，他账面上的日股基金收益率约为20%。

这一路走来，日本股市从1989年的40 000点高位跌下来后，走过了18年的熊市。然而，在这个大家都以为没有机会的市场，张梦翔却靠着坚定的信念，定期定额地投资了11年。截至2007年，他赚到了每年19%的平均回报率。

张梦翔的定投基金之路告诉我们，只要确认基金为优质基金，就可以“无脑”定投（普通定投），越跌越买。

回看投资国内股票的基金，也适用上面的策略吗？再说说我朋友的故事。

2018年，中国股市经历了漫漫“熊途”，而我朋友恰巧是从2018年初开始定投沪深300ETF*的。他定投基金的开始也是股市下跌的开始。

上证指数从2018年1月的最高点3 587.03点，一路下行到2019年1月的2 440.91点，跌幅快要超过32%，而我朋友采取的

---

* 是以沪深300指数为标的的在二级市场进行交易、申购或赎回的交易型开放式指数基金。

策略则是无脑定投，跌幅也超过20%。

他一直没放弃，继续坚持每周定投，到2020年1月，他坚持定投90周了，收益率为22.83%。如此算来，他每年的收益率超过10%。这就是定投的魅力，只要坚信股市总有向好的一天，你的亏损总会赚回来。

定投基金的两个原则

1. 选择波动比较大的基金进行定投

基金指数就好比海鲜价格，今天是每斤20元，明天是每斤80元，那这两天的均价为每斤50元，所用成本就降下来了。但若海鲜今天是每斤20元，明天是每斤22元，这两天的均价是每斤21元，成本没什么变化。这就很好理解了，只有选择波动性大的基金进行定投才能摊低成本，而定投对波动性小的基金起不了什么作用。

2. 选择定投宽基指数基金

宽基指数基金属于被动型基金，它被动地跟踪宽基指数，比如上证50指数基金、沪深300指数基金和中证500指数基金里面对应的50家、300家、500家上市公司。宽基指数基金无须人为选股，能降低人为选择的风险。主动型基金则完全靠基金经理的选股水平——选得好，收益高，反之则收益低。当我们无法预料人为因素时，选择宽基指数基金进行定投会更好。

定投指数基金的原理

1. 定投指标——市盈率

至于什么时候开始定投，我们可以参考一个指标——市盈率百分位。

市盈率是每股股价除以每股收益，是最常用来评估股价是否合理的指标之一。市盈率百分位则代表当前滚动市盈率在选定历史区间所处的水平。如果某股票的市盈率百分位为10%，这就表示其当前估值比历史上90%的时间要低。

参考市盈率百分位的原则是：低于30%为低估值，30%~70%为正常估值，高于70%为高估值。一般来讲，处于低估值和正常估值的指数基金都可以定投，若它处于高估值，则是卖出的信号。

表3-2所示为上证50指数基金、沪深300指数基金和中证500指数基金在2020年9月中旬的估值数据。

表3-2　宽基指数基金估值

指数基金类型	场内基金代码	场外基金代码	市盈率	市盈率百分位（%）
上证50	510050	110003	11.92	53.92
沪深300	510300	110020	14.75	64.47
中证500	510580	161017	32.47	47.59

来源：海通证券“e海通财”手机客户端。

表3-2显示，这3种指数基金都处于正常估值，其中中证500指数基金的市盈率百分位为47.59%，表示其当前估值比历史上52.41%的时间要低。同理，上证50指数基金的当前估值比历史上46.08%的时间要低；沪深300指数基金的当前估值比历史上35.53%的时间要低。

从表3-2来看，沪深300指数基金的估值偏高，中证500指数基金和上证50指数基金可以定投，中证500指数基金的买入位置更优。

这3个指数对应的基金产品有很多，我们可用支付宝或天天基金网进行搜索，比如搜索“沪深300”就能出现相应的基金（表3-2只是选择了一些比较有代表性的指数基金）。这里有个小提醒，表3-2中有场内基金和场外基金的代码，这是给大家提供多种选择。

场内基金指的是必须在股票交易市场内交易的基金，必须有证券账户才能买卖。场外基金指的是在股票交易市场以外的市场交易的基金，比如银行、基金公司或金融中介，这些地方都能进行场外基金的交易。

场内基金的好处是基金可以像股票一样在交易时间即时买卖，而且手续费很低。场外基金的好处是可以设定自动定投，这样就不会忘记，也能避免因为行情下跌而不敢定投的情况了。

对于小白来讲，买指数基金最简单的方法就是无脑定投。无脑定投指的是无论基金涨跌，定期定额买入。但历史的经验告诉我们，无脑定投的收益率会比智能定投的低些。

巴菲特的老师本杰明·格雷厄姆有句经典名言："我们要用0.4元买价值1元的东西。"运用到定投指数基金中就是，若指数基金跌幅大了，代表东西便宜了，那就加大定投额，比如本来每周定投2 000元，那就增至2 500元；若指数基金涨了，代表东西贵了，那就减少定投额，比如减至1 500元。这样摊低成本的效应会更明显。

2.智能定投

现在有不少平台推出了智能定投，选择智能定投时一般会有两种策略可供选择：一个是均线策略，另一个是估值策略。

均线策略，就是围绕相关均线的走势定期不定额地买入，在低位多买，在高位少买。相关均线往往会有几个参考指数，选择参考沪深300指数、500日均线的话，是指在定投日的前一天，若沪深300指数基金的收盘价高于500日均线，系统会认为基金估值偏高，定投的金额就会减少；反之，若沪深300指数基金的收盘价低于500日均线，系统则会认为基金估值偏低，将增加定投金额。

估值策略则是按我们之前提到的市盈率百分位来进行选择的。有些平台的估值策略是：指数基金处于低估值区间时才会定投，指数基金处于正常估值区间和高估值区间时都不定投。当你看到定投一直没有扣款的时候，就说明你选的是估值策略，且指数基金正处于正常估值区间或高估值区间。如果你选择的是手动定投，那么我的建议是，指数基金处于正常估值区间时也可定投。

另外，在你选择估值策略时，定投的金额宜大些，因为选择估值策略一般要定投3年以上才会显示出其微弱优势。

除了以上两种策略，还有一种定投策略叫作价值平均策略，据说是一个美国人发明的。但目前还没有平台采用这种方法，需要我们自己手动定投。

价值平均策略的原理是，让基金的市值每月增长固定的额度。比如，你设定目标基金的市值以每月2 000元的速度增长，第一个月的目标市值是2 000元，第二个月是4 000元，第三个月是6 000元，以此类推。你第一个月买入2 000元的基金，若基金在第二个月涨了200元，那这个月你只需要买入1 800元；若基金跌了500元，那此时你需要买入2 500元；若基金在第一个月狂涨2 500元，总额已经超过了4 000元，那你在第二个月就一分也不投；若基金在第一个月跌了2 000元，那你在第二个月就要买入4 000元。

总之，一切以基金的市值为准绳。这种方法可以让你在低位获得大量的筹码，若基金涨起来，很多时候你可以一分不投。不过，这也会带来一个弊端，即投入的钱少了，赚的钱也少了。

这3种定投的策略如何选？如果你希望完美地贯彻定投，那就选择均线策略；如果你更在意收益率，选择估值策略和价值平均策略都可以。

定投指数基金的常见问题

知道了定投指数基金的原理，我们再来看看定投指数基金的常见问题。

定投多少只指数基金为好？我的建议是，最好组合定投两三只。

以周为单位定投还是以月为单位定投？周一定投好还是周

五定投好？我的建议是，定投最好是每周一次，但也可根据资金情况进行调整，每两周或每月定投一次。周几定投都可以，因为从长期来看，收益率相差不大。

定投应该什么时候结束？长线来看，可以定投10年、20年或30年；短线来看，碰到牛市可先止盈，等基金跌下来再继续定投，然后静待下一轮牛市。如果不会判断何时是牛市，那你可以达到了自己的赢利目标就止盈。比如你的赢利目标是15%，或者参考巴菲特20%的平均年化收益率，将盈利目标设为20%，那么，达到目标就卖掉基金。

只要中国经济会持续向好，指数基金就会向好。

以成立时间较长的易方达上证50指数A为例，若从基金成立的2004年3月开始每周定投，那么到2020年9月，这16年的年化收益率为13.65%，长年的年化收益率超10%，很令人开心啊（见图3–1）。

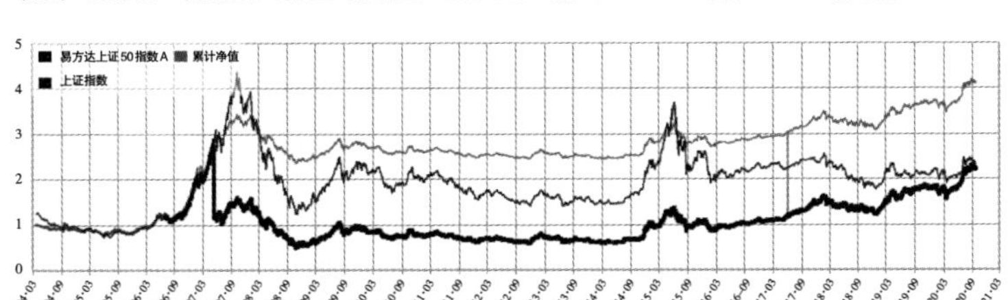

图3–1　易方达上证50指数A及上证指数净值走势图

来源：智投星。

30 岁后：
1 000 万元退休金是这么“理”出来的

养老目标基金

在30岁使使劲攒到100万元后，你就可以奔着1 000万元的退休金去了。

如果继续用100万元做本金，每年拿出10万元用于理财，年化收益率一直维持在10%，那你在48岁时资产就能达到1 000万元。

随着年龄的增大，你的风险偏好可能会改变，所以我们保守一点：若把年化收益率降为6%，那么你在56岁时将拥有1 036万元，到60岁就能拥有1 354万元。这时候，你可以考虑定投专为养老设置的基金——养老目标基金。

美国早在1996年就诞生了养老目标基金，经过20多年的发展，目前已经比较成熟了，而我国是在2018年开始公开发行养老目标基金的。

养老目标基金的设计运用了美国经济学家弗兰科·莫迪利安尼、R.布伦贝格和阿尔贝托·安东共同提出的生命周期消费理论。这个理论把人的一生分为3个时期——青年期、中年期和老年期。青年期的人们基本收入不高，或刚工作时还需要父母进行补贴；中年期是指人们的收入大于支出的阶段，也是我们积累财富的主要阶段；老年期则是指退休后，人们的收入急剧下滑，远低于支出。

相应地，每个时期的理财风险是不一样的。处于青年期和中年期的前半段，人们有资本、不怕亏，股票、房产等高风险类资产可多配置；到了中年期的后半段和老年期，人们就怕资产缩水，更倾向于配置货币基金、债券、银行存款等低风险类资产。

养老目标基金在美国很受欢迎，因为它是根据你的退休年龄或者风险偏好来设计的，立足于养老需求，实现资产的长期升值。

养老目标基金还有一个特点是安全系数较高。这是因为它属于FOF基金，即基金中的基金，投资的对象是基金，且会同时投资多只基金，更能分散风险。

日期基金和风险基金

国内的养老目标基金分为日期基金和风险基金，前者按退休年龄进行设置，后者按风险偏好进行设置，封闭期一般为1~3年，最低可以1元买入。

我们先来看看日期基金。日期基金的名称一般会带有2035、2040，这是根据退休时间来命名的。日期基金的时间跨度一般是5年，比如“2040基金”适合2038年至2042年的退休人群。

按照现行退休年龄，男性干部和工人均为60周岁退休、女性干部为55周岁退休、女性工人为50周岁退休来计算，不同退休年龄对应的购买基金如表3-3所示。

表3-3 中国养老目标基金时间表

基金名称	对应退休时间	男（60周岁）	女（55周岁）	女（50周岁）
2030基金	2028—2032年	1968—1972年	1973—1977年	1978—1982年
2033基金	2031—2035年	1971—1975年	1976—1980年	1981—1985年
2035基金	2033—2037年	1973—1977年	1978—1982年	1983—1987年
2038基金	2036—2040年	1976—1980年	1981—1985年	1986—1990年
2040基金	2038—2042年	1978—1982年	1983—1987年	1988—1992年
2045基金	2043—2047年	1983—1987年	1988—1992年	1993—1997年
2050基金	2048—2052年	1988—1992年	1993—1997年	1998—2002年

以1982年出生的人为例，女性55周岁的退休时间为2037年，可对应2035、2038基金；男性60周岁的退休时间为2042年，可对应2040基金。

日期基金的好处是，会按照退休年龄来调整风险，即离退休年龄越远，会越多投资高风险产品；离退休年龄越近，会越多投资低风险产品（见图3–2）。

养老目标基金投资的大致配比如下：投资者处于青年期时，股票比例为60%；投资者处于中年期到退休时，股票比例从60%降到40%，再降到20%；投资者退休后，股票比例降到10%或不投资股票，而固定收益类如债券、现金等比例反转为80%或不等。

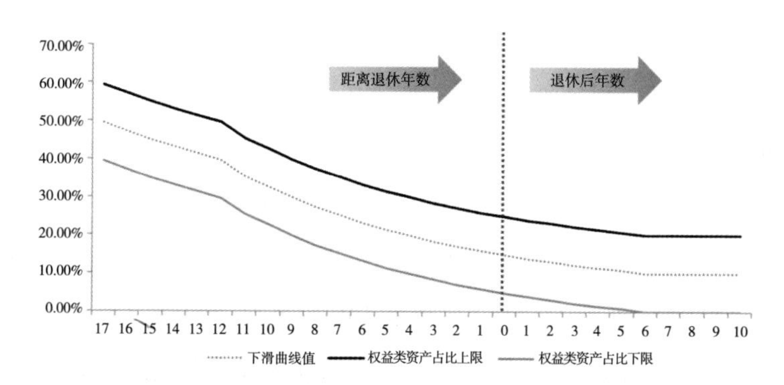

图3–2 中欧预见养老目标日期2035基金下滑曲线

来源：中欧预见养老目标日期2035基金招股说明书。

如果你不想按退休年龄来调整投资比例，那么可考虑风险基金。

风险基金，分为稳健型、平衡型和高风险型，你可根据自己的风险偏好来选择。

如果你只能承受低风险，就选择稳健型风险基金，它的权益类资产配置比例上限在30%；如果你能承受的风险比低风险高些，但又没到高风险，那么你可选择平衡型风险基金，它的权益类资产配置比例上限在50%；如果你能承受高风险，就选择高风险型风险基金，它的权益类资产配置比例上限就会突破50%。

从养老角度来考虑，选择养老目标日期基金更能体现养老基金的特点。

目前，养老目标基金在国内运作了两年多，收益很不错。相比较而言，日期基金的收益要比风险基金的收益高。Wind*资讯数据显示，截至2020年8月28日，国内之前成立的养老目标基金的平均收益率达到19.73%。

其中，养老目标日期基金的平均收益率为26.93%，9只养老目标日期基金的收益率超过40%。截至2020年8月28日，2019年4月成立的华夏养老2045（FOF）A基金自成立以来，收益率达到47.74%。养老目标风险基金的平均收益为12.52%。截

* 一家领先的金融数据和分析工具服务商。

至2020年8月28日，成立于2019年1月的兴全安泰养老三年（FOF）基金以44.92%的收益率位列第一。

养老目标基金能一直维持这么高的收益率吗？在资本市场起伏不定的时候，一直维持高收益估计不是易事，但长期来看，参照同类型的国内外基金的收益率，养老目标基金的年化收益率维持在6%~8%是大概率能做到的。例如，参照美国市场同类型成熟的养老计划——美国401（K），过往30年的平均年化收益率在6%以上，而加拿大的同类型养老金在过往10年的年化收益率为10%。在国内可以参照与国外养老金计划相似的社保基金。根据全国社会保障基金理事会公布的《2018年全国社会保障基金理事会社保基金年度报告》显示，社保基金自2000年8月成立以来，年均投资收益率为7.82%，累计投资收益额为9 552.16亿元。

此外，购买养老目标基金在未来还有一项福利：在政府的规划中，养老目标基金将纳入个人税收递延政策优惠，即购买基金期间不征收个人所得税，退出基金时再补交。

但这个规划的执行是以个人养老账户体制的建立为前提的。个人养老账户是一个由财政部和人社部牵头，由中登公司平台（全称是“中国证券登记结算有限责任公司信息平台”）、中保信平台（全称是“中国保险信息技术管理有限责任公司建立的信息平台”）以及第三支柱制度和管理服务信息平台共同建立的统一账户，个人只有通过该账户投资个人养老产品才能享受税收递延优惠。按照政策方向，保险、银行理财、基金等金融产品都将陆续纳入其资金池。

在没有这个福利之前，我们也可以好好利用养老目标基金，达成千万元退休金的目标。

长期定投

无论是100万元还是1 000万元，投资时的核心要点都是——长期定投，复利效应。

为何说是长期定投呢？因为无论是定投指数基金还是养老目标基金，大概率不会每年都是正收益，也会出现负收益，而且可能亏损得很多。

比如在过去的15年里，上证指数就经历过4个比较典型的从3 000点往下走又回到3 000点的时间段。

我们以每周定投易方达上证50指数A基金为例来看看。

第一个时间段：2008年6月2日到2009年7月1日，上证指数从3 459点开始下跌，历时13个月，最低见1 664点，最大亏损为18.50%，而后回升到3 008点，定投收益率为35.61%（见图3–3）。

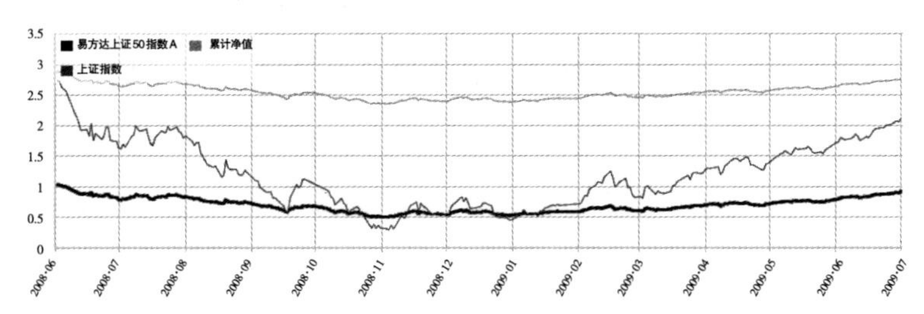

图3-3 易方达上证50指数A净值走势图

来源：智投星，数据统计区间为2008.06.02—2009.07.01。

第二个时间段：2010年4月1日到2010年11月1日，上证指数从3 147点开始下跌，历时7个月，最低见2 319点，最大亏损为7.29%，而后回升到3 054点，定投收益率为12.77%（见图3–4）。

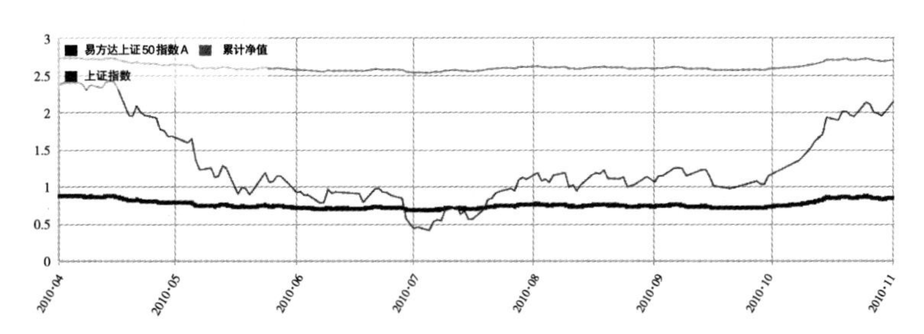

图3-4 易方达上证50指数A净值走势图

来源：智投星，数据统计区间为2010.04.01—2010.11.01。

第三个时间段：2011年4月22日到2014年12月22日，上证指数从3 011点开始下跌，历时44个月，最低见1 849点，最大亏损为8.95%，而后回升到3 127点，定投收益率为43.72%（见图3–5）。

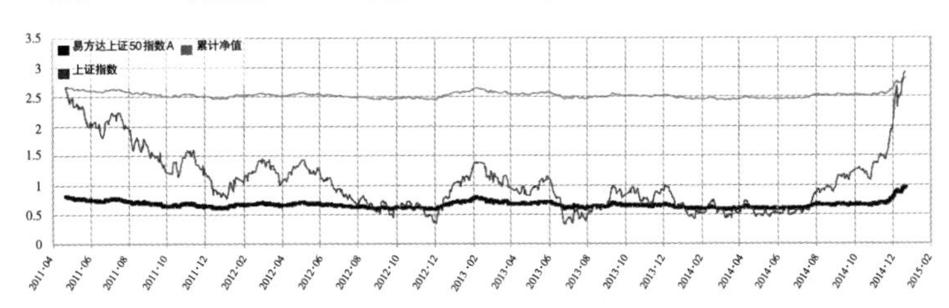

图3-5 易方达上证50指数A净值走势图

来源：智投星，数据统计区间为2011. 04. 22—2014. 12. 22。

第四个时间段：2018年6月15日到2019年3月15日，上证指数从3 022点开始下跌，历时9个月，最低见2 440点，最大亏损为7.53%，而后回升到3 022点，定投收益率为13.26%（见图3–6）。

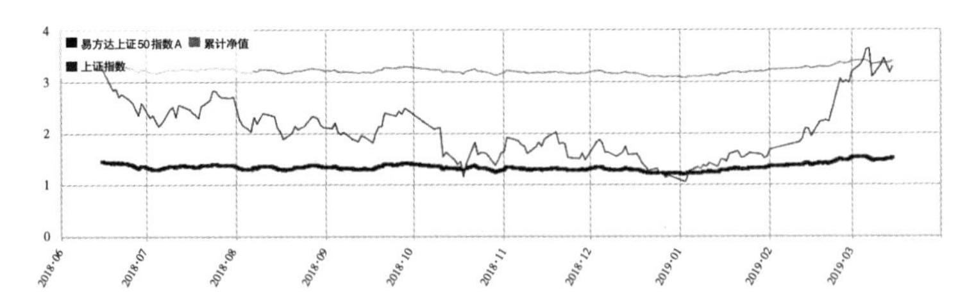

图3-6 易方达上证50指数A净值走势图

来源：智投星，数据统计区间为2018. 06. 15—2019. 03. 15。

在这4个典型的时间段，如果你从3 000点开始定投，在这些时间段的最低点因受不了亏损而卖出，那么投资是失败的。但你若能坚持越跌越买，最长坚持44个月，最短坚持7个月，那你的定投收益不仅会变成正的，而且涨幅都不错。

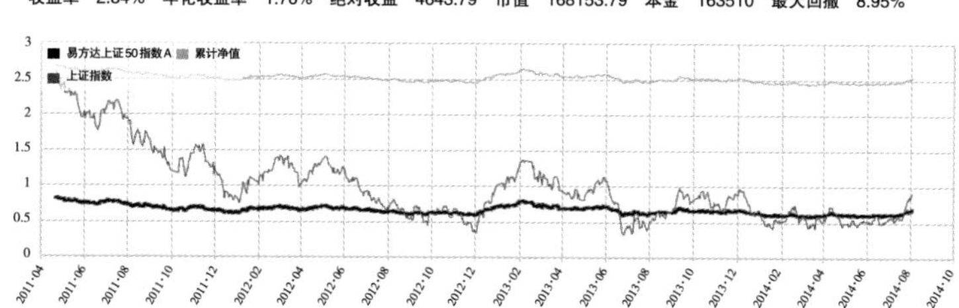

图3-7 易方达上证50指数A净值走势图

来源：智投星，数据统计区间为2011.04.22—2014.08.04。

这也说明了，定投时不一定要回到最初定投的点位，收益才会变成正的，如第三个典型阶段，是从上证指数3 011点开始定投，但因为一直坚持定投来摊低成本，所以在上证指数回到2 223点时，就已扭亏为盈，收益率为2.84%，随后再经历起伏也损失不大（见图3-7）。最终当上证指数回到3 000点时，基金已获得43.72%的收益。

这些实践都印证了定投理论的“微笑曲线”（见图3-8）。

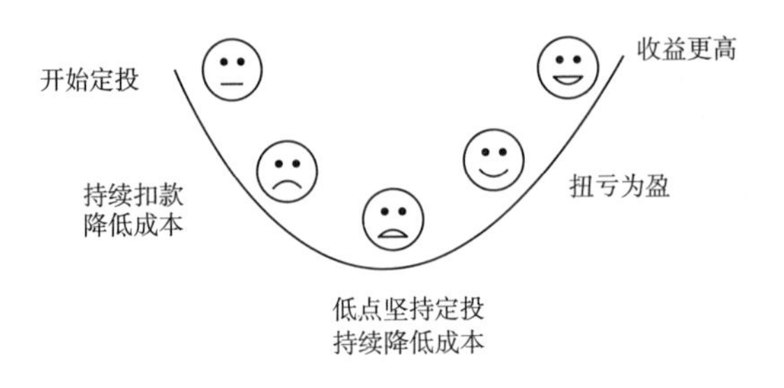

图3-8　微笑曲线

开始定投时，即使股市开始下跌，出现了没有最低只有更低的情况，那也要越跌越买。越跌买得越开心，因为这样你的成本会更低。股市肯定有走向牛市的一天，到时就拨云见日了。

切记，定投基金时一定要用闲钱，救急的钱不能用来买基金。因为若急用钱时，定投的基金是亏的，你卖还是不卖？若卖了，你就享受不到未来上涨的收益了。

要想通过理财达到100万元、1 000万元，要谨记两点：一是尽可能降低还债比例，二是尽可能增加理财比例。

理财小贴士

“变美基金”如何“理”出来？

很多不想攒钱的人并不是没有结余，而是把结余用在了买化妆品、衣服、包包等能让人变美的东西上。若要攒钱，就等于降低了生活质量，这可不好。有人说：“工作本来就很累了，还要去攒钱理财，那什么时候才能变美呢？”

其实，理财和变美是不冲突的，理财反而有助于变美。比如你每个月的结余也就500元，300元用于购物，那你可以买一个300元的包包，但你若能坚持5个月不买包包，你的结余就可以买一个1 500元的包包，10个月后就能买一个3 000元的包包了。

你会发现，有些和你收入差不多的朋友隔一段时间就能买件大牌穿在身上，而自己总觉得买不起大牌，为什么呢？一大部分原因是，你把钱花在了看似不贵、一次性可以买很多的东西上，而对贵的东西却总是舍不得花钱。

其实很多东西是“贵精不贵多”的，质量好的东西，生命力才会更长。我认识一位藏族朋友，他手上戴的玛瑙石戒指是从爷爷辈传下来的，无论是材质还是价值都非常棒。他说，他们都会选择质量好的东西，它们不仅可以反复利用，还经得起时间的考验。

质量好的东西，因为可以用一两年甚至更久，所以分摊到每天的费用会比我们随便买买又用不了多久的东西更划算。而且质量好的东西在你要“断舍离”的时候，往往还能卖个好价钱。以奢侈品包为例，爱马仕、路易威登、香奈儿，这3个大品牌是比较保值的，它们的经典款在二手市场很受欢迎，如爱马仕的铂金系列、凯莉系列、康康系列，路易威登的Speedy系列和Neverfull系列，香奈儿经典的2.55手袋和CF手袋。

那“变美基金”如何“理”出来呢？可以用延迟消费的方法，借助一些工具会更有效，比如微信和支付宝都有冻结资金的储蓄计划。

微信的理财工具叫“梦想计划”：自己设立一个梦想，比如买包、健身、旅游等，然后设置目标金额、实现梦想的时间，接着选择是按周存入还是按月存入，微信就会定时定额地自动扣款，并且把钱放在货币基金生息，直到你攒够“梦想计划”所需资金。

支付宝的理财工具叫“心愿储蓄”，同样是设定心愿、系统自动扣款，然后把钱放到货币基金生息，直到你攒够目标金额。

如果你不想被固定扣钱，而是想有钱就存进去，哪怕是1元，那可以用支付宝的“蚂蚁星愿”——随时存钱，享受货币基金的收益。它的界面设计特别好玩：你许下一个存钱心愿，心愿就会变成一颗小星星。每存一次钱，小星星就会发亮，心愿达成后，小星星就会变成一颗发光的小行星。

用“蚂蚁星愿”还有一个好处，就是能看到陌生人的心愿。当自己坚持不下去的时候，看看这么多小星星，想到这么多人还在坚持，你或许会感觉又充满了干劲，从而继续坚持。

家庭理财是AA制还是共有制？

从经济学角度来看，家庭理财实行AA制不太划算，把家庭的钱放在一起才有可能实现收益最大化。

AA制还容易在家庭中造成一种疏离感。我的一位朋友小夏说，AA制让她完全没有家的感觉。虽然家里的大额开支（如房贷、车贷）都是丈夫在负担，小夏只负责家庭的日常开支，但这样感觉结婚前后没有区别，这让她产生了随时可以离开丈夫的想法。这个想法不断在她心里生根发芽，直到有一天，她向丈夫提出离婚。没想到丈夫坚决反对，说他们是“注定会在一起的”。

小夏说，两人经过深入沟通后，丈夫才知道各管各的钱竟让家庭产生了这么大的裂痕。同时，小夏的丈夫也说出了不想让她管钱的原因——小夏不擅长理财，自己怕她把钱花光了。最后，两人将意见折中了一下，丈夫除了负责家庭大额支出，每个月要固定给小夏一笔家用费。

但“给家用费”的模式是有劣势的，因为双方的收入没有完全贡献出来，不利于家庭财富的积累，甚至会导致一个人拼命存钱、一个人拼命花钱的局面。

若是家庭财富采用共有制模式，即丈夫在扣除每月的固定开支后把所有的收入交给妻子，再加上妻子的收入共同用于理财，就能实现1+1＞2的效果。

假设两个家庭每年都有10万元用于理财（丈夫6万元，妻子4万元），分别采用AA制模式和共有制模式，即共有制模式是一起理财，而AA制模式是分开理财。

因为资产达到10万元，所以共有制家庭可以买到年化收益率为4.8%的理财产品，而AA制家庭因为资产未达到要求，只能买到年化收益率为3.3%的理财产品。这样，共有制家庭的理财收益就远高于AA制家庭的。

当然，共有制的理财模式要求管钱的人懂一点理财之道。

我的另一个闺密小古刚刚掌管家庭资产的时候，属于“粗放式”的管理，一个月之后发现家里没钱可剩。她开始记账，记录家里的收入和开支，几个月后，省下了一大笔支出，就有结余去理财了。

家庭里管钱的人不一定必须是女方，如果女方真的不擅长，那么男方管理也无不可，但需要管钱的人做到家庭财务透明化。另一方虽然不管，也要清楚家庭的财务状况。这样双方才能和谐共处。

还有一个重要提醒，即不要把钱都放在一方的账户里，最好男女双方都有理财账户。万一有一方不幸离世，子女也能继承剩余的资金，不然有可能出现我的朋友小贤这样的情况。

小贤妈妈的收入全都交给小贤爸爸管理，妈妈名下的账户没有资产。不幸的是，妈妈患病去世了。在进行遗产分配的时候，小贤才发现妈妈没有现金遗产。小贤之前觉得无所谓，毕竟钱在爸爸那里自己也安心，可妈妈走后没过半年，爸爸就娶了新妻子。这就意味着，妈妈的钱全都贡献给爸爸的新家庭了。

由此可见，若在意子女的继承问题，就不能将资金只放在一方的账户中。最好的方式是，如同国外那样设立家庭共同账户——双方每个月存一笔钱到共同账户里，谁要用钱就提早说明一下。共同账户里的钱也可以用于投资和理财，赚到的钱可以用来旅游，或者继续存到共同账户中。这个共同账户还有一个作用，即为下一代而存，如果夫妻离婚，那么共同账户的钱可归孩子们所有。

不过，现在国内银行的共同账户使用起来比较麻烦，每次提取都需要夫妻双方一起去柜台办理。这样的话，共同账户的钱最好存入银行或固定用来理财，因为若要双方经常去银行，也不是长久之计。

其实，经营家庭财富就像经营一家企业，无论是哪种家庭理财方式，都要有相应的财务报表、未来的规划。这样，夫妻之路才会越走越顺。

若离婚，如何保全财产？

不要轻易在一起，也不要轻易结束关系，但一旦无法相处，结束也许是最好的方法。这时候，两人即使结束也要好聚好散，双方的财产要分割好。

离婚时的财产分割一般是指分割婚后共有财产，婚前和婚后的个人财产不需要进行分割。

那什么是婚后共有财产和个人财产呢？可以先看下 2021 年 1 月 1 日开始施行的《中华人民共和国民法典》的规定。

第一千零六十二条　夫妻在婚姻关系存续期间所得的下列财产，为夫妻的共同财产，归夫妻共同所有：

（一）工资、奖金、劳务报酬；

（二）生产、经营、投资的收益；

（三）知识产权的收益；

（四）继承或者受赠的财产，但是本法第一千零六十三条第三项规定的除外；

（五）其他应当归共同所有的财产。

第一千零六十三条　下列财产为夫妻一方的个人财产：

（一）一方的婚前财产；

（二）一方因受到人身损害获得的赔偿或者补偿；

（三）遗嘱或者赠予合同中确定只归一方的财产；

（四）一方专用的生活用品；

（五）其他应当归一方的财产。

个人财产不计入离婚财产分割范围，而对于婚后共有财产，夫妻双方有平等的处理权。

这里要重视个人财产中的第二项和第三项。有些人以为在婚姻存续期间个人买的保险不算共有财产，这是不对的。不能分割的是指“保险理赔金”。比如妻子给丈夫买了一份重疾险，几年后丈夫得了癌症，拿到了保险公司的理赔。这份理赔款属于“一方因受到人身损害获得的赔偿或者补偿”，属于个人财产。又如公婆买的寿险，受益人是丈夫，那么在公婆去世后，

“遗嘱或者赠予合同中确定只归一方的财产”属于个人财产。若两人离婚的时候，在婚姻存续期间买的保险没有发生理赔，那么该保险属于共有财产，是可以进行分割的。

保险分割一般有两种方式：第一种是把保险退了，拿回现金价值，双方平分；第二种是协商，由被保险人一方给另一方经济补偿，然后对受益人和投保人的信息进行保单变更。

现在，不少人会在结婚前买保险和房子，通过婚前财产的方式来保全资产。但我们要区分一些情况：若保险是趸交（一次性缴清），房子是全额购买，那么保险和房子是个人财产，包括婚后产生的收益（比如保险的分红或者房租等），都属于个人财产。但若保险是每年缴费，房子也是每年还款，且在婚后用的是夫妻共同资金，那么保险或房子的权益有一部分属于共有财产。一方父母在两人婚前出首付给孩子买房，若房本署名是出资方子女，两人离婚时，法院一般会判定该房产属于出资方子女即登记方所有，两人婚内共同还贷部分及产生的增值，需要由登记方对另一方做出补偿；若房本署名是双方子女，婚后由双方共同还贷，那么此房产视为一方父母对两人的赠予，房产属于夫妻共有财产，两人离婚时，如无特别约定，法院一般将此房产视为两人等份共有。

婚后的房子是不是一定属于共同财产呢？未必。

两人婚后由一方父母全额出资买房，若房本署名为出资方子女，那么该房产属于个人财产；若房本署名为双方子女，那就算一方父母对双方的赠予，房产属于夫妻共有财产，除非一方父母出资时有书面约定或声明，证明此出资是赠予自己子女一方的。

两人婚后由一方父母出首付给子女买房，婚后由双方子女共同还贷，房产认定为夫妻共有财产，但若出资方父母明确表示赠予一方的除外。

从目前的条款来看，无论是婚前还是婚后，法律都倾向于保护出资方的财产。

若不想有这么多纠纷，最好的方式是两人签署财产协议，约定婚前和婚后财产的拥有方式。

2021年实施的《中华人民共和国民法典》第一千零六十五条规定：男女双方可以约定婚姻关系存续期间所得的财产以及婚前财产归各自所有、共同所有或者部分各自所有、部分共同所有。约定应当采用书面形式。

协议该如何写？官方没有统一的格式，由各家庭自行商定。一般来讲，协议可分为4部分：婚前财产、婚后财产、婚后生活约定、债权债务。

婚前财产写得越详细越好，分开写动产和不动产的内容。最终效果是，你的婚前财产和婚前财产在婚后的收益，都归你个人所有，比如房屋租金、股权收益等。

婚后财产，因为有不可预测性，只能用概述性语言进行约定。比如在各自名下一方财产所得，另一方无权以“夫妻共有财产”为由主张分割。

婚后生活约定，可包括共同生活开销的约定，比如全职太太牺牲费、子女抚养费等，都可有对应的财产性约束。

债权债务问题，不管是银行信用卡债务，还是借高利贷，都要有明确的说明，即要明确所借财物，还债责任仅由借款、借物人一人承担，与配偶无关。

其实，我们大多数人没有签署财产协议的习惯，毕竟谈钱真的会伤感情。所以，大家最好先协商是否签署婚前协议或婚后协议，千万不要伤了感情。若双方都是非常理性的人，或者双方都希望可以提前做好风险管理，并且担心未来有太多变数的话，提前签署协议对大家来说更有保障。

追求梦想还是稳定的工作？

我想问大家一个问题：如果你知道自己在40岁的时候会出现中年危机，若能回到30岁，你会做些什么？是选择追求梦想还是稳定的工作？

在回答之前，我们先来听一个坊间故事。

一百多年前，一位牧羊人带着两个年幼的儿子以替别人放羊为生。有一天，他们把羊群赶到一个山坡上，突然，一群大雁从他们头顶飞过，不一会儿就消失在远方。

小儿子问父亲："它们要飞去哪里？"

父亲说："天冷了，它们要飞到暖和的地方过冬，明年再回来。"

大儿子说："如果我也能像大雁那样飞翔就好了。"

小儿子也说："我真希望自己是一只大雁，能够飞到很远的地方。"

父亲没有嘲笑儿子们的"胡思乱想"，而是鼓励他们说："只要你们想，你们也能飞起来。"

两个儿子原地跳了跳想飞起来，但发现根本不可能，他们觉得被父亲骗了。

父亲却说："让我来飞给你们看！"

他张开双臂跳了一下，但是也没有飞起来。

父亲认真地说："我老了，飞不起来了。但你们还小，只要肯努力，就一定能飞起来。"

两个儿子把父亲的话牢牢记在心里，并且不断地努力研究。二十多年过去了，他们终于实现了梦想，"飞"了起来。

这两兄弟就是发明飞机的莱特兄弟。虽然这只是个未经证实的故事，却能说明一个道理：人性中有追求不确定目标的本能，在不确定的冒险中，我们的潜能与技能得以开发。

说说我的闺密小林吧。30岁前，她在杂志社有一份稳定的工作，社里每个月出一期杂志，除了在杂志出版的前10天她会非常忙碌，其他时间都比较自由。

然而，她当时感觉自己过着“温水煮青蛙”般的日子：“工作环境真的很好，工作难度和强度都不大。相应地，工资也不高，且有下降的趋势。想到以后养老，我感觉现在还不是享受安逸生活的时候。”她想摆脱这种状况，想自己当老板，想实现财务自由。

要在什么领域创业呢？天马行空的她想到了自己家3岁的娃，想到如果自己能有一份和孩子相关的工作，一边带娃一边创业，那也是相当不错的。于是，她未经考察便投入30万元，与他人合开了一家外教英语机构。与此同时，她又用了15万元参与了桌游的投资。还没到3年，她投资的英语机构和桌游项目都失败了，本金亏损了50%。

小林总结的失败教训是：这两项创业投资都超出了自己的能力圈，项目的核心资源是合伙人的能力，即使她想改变什么，也因为持股比例太低而根本没有话语权。于是，她及时止损，退出了这两项创业投资项目。

现在的她，正从事儿童绘本阅读的传播工作，梦想是让孩子爱上阅读，远离平板电脑等电子产品。这也是她能力范围内的事情，她通过丰富的阅读经验和自己擅长的文字写作，逐渐积累了大批家长粉丝。

她说如果有机会重来，自己依然会选择追求梦想，但会绕过失败的那些坎儿，不会再天马行空地想象或依赖于他人的能力，而会依靠自己的核心竞争力。不少人总在抱怨“周一综合征”或“假期后遗症”，不想上班，这些人即使上班，也是浑浑噩噩的，当一天和尚撞一天钟。

如果你处于这种状态，或许你应该停下来问问自己喜欢的是什么。

当然，不一定非要辞职，梦想和稳定的工作不是非此即彼的关系，它们可以有很多交集。很多人的创业是从副业开始的——尝试做自己真正喜欢的事。

如果下决心做自己喜欢的事情，你可以参考以下步骤对自己未来的事业进行规划。

第一步，确定目标。

每个人的目标都基于自己的价值观，关键是要确定目标，并把它写下来。美国的一项研究显示，只有20%的美国人拥有明确的目标，而写下自己目标的人只有3%。也就是说，当写下清晰可见的目标时，你已超越了97%的人。其实，你的天性决定了最适合你的方式，你要做的只是理解自己，知道自己想在生活中达成什么目标。

第二步，直面挡在你追寻目标路上的问题。

这些问题一般很难解决，如果处理不当，可能会毁了你。但要达成目标，你就得认清这些问题，这样才能生存下来。

第三步，诊断问题。

在实现目标的路上，如果出现问题，你就要找出根本原因，并把它写下来。

第四步，制订解决问题的计划。

制订计划时，最好写清楚解决问题的步骤，同时要想好B计划，以防A计划行不通。

第五步，实施这些计划。

一点一点坚定地去解决问题，以此鞭策自己，不断地向目标靠近。当你做到这五步时，成功就离你不远了。

无论如何，想实现梦想，首先要开始行动。如果不去行动，你永远只能停留在梦里。

管理学中有个“四七原则”：当你面对一个艰难决定时，收集40%~70%的可用资料和数据，然后凭直觉去做，不要等到你掌握了足够的资料再去做。有100%的把握再去做时，那就太晚了。

2018年2月7日凌晨，特斯拉的首席执行官埃隆·马斯克的“猎鹰重型”运载火箭在美国肯尼迪航天中心发射成功。一夜之间，马斯克成为人们口中的“太空梦想家”。2018年12月18日晚，马斯克设想的首条地下隧道亮相，开创了城市交通的新方式。这些都源自他的梦想——建立人类的“第二家园”和摆脱堵车。

类似地，对于普通人来讲，梦想可以很简单。比如你想成为厨师，就得先从买菜开始；比如你想写本书，那就得先写出第一句。

美国一位有3个孩子的妈妈克丽丝特尔·潘恩，为了节省生活费，她会寻找各种省钱的信息。在花费很多心血摸索出一些有价值的信息之后，她想："为什么不利用这些信息帮助更多有需要的人呢？"于是，30多岁的克丽丝特尔·潘恩开通了博客，专门教别人怎么省钱过日子。目前，她的博客月均阅读量已达两百万，成为最受欢迎的博客之一。克丽丝特尔·潘恩现在的头衔是《纽约时报》畅销书作者、演说家。

是选择稳定的工作还是追求梦想？问问你的心，它会告诉你答案。

如何把喜欢的事情当饭吃？

很多女性在生完孩子之后就专职带娃，可因为没了收入，就会发现买什么东西都要靠丈夫；对这段婚姻有不满时也不敢离婚，为了孩子只能忍气吞声。

其实，成为妈妈不代表就没了事业。我认识的一位女性朋友小兰，她在成为妈妈后也找到了自己喜欢的事情，并将其发展成自己的事业。

小兰生完孩子后身体非常虚弱，便开启了寻医之路，后来迷上了中医。通过中医调理，她的身体也得到了大大的改善。

后来，她开通了微信公众号，把自己的治疗心得写出来，没想到有很多像她一样的人关注了自己，这让她觉得要为与自己同病相怜的人找出养生之道。

她原是媒体出身，就从阅读大量文献以及采访老中医开始，慢慢地用通俗易懂的话来解释中医，粉丝渐渐地多了起来。她说："别人没有时间研究，但我有，于是我就来帮他们研究，帮他们采访并做出总结。这样省去了他们的时间，他们不仅能直接'抄作业'，还能调理好自己的身体。"

其实，对小兰来说，在公众号写文章一开始是很艰难的，正所谓万事开头难，因为她也不是医科出身。然而，凭着兴趣，以及公众号每天的大量留言，她越做越好："我总不能辜负粉丝们对我的期望啊。"

小兰说，现在的团购也是粉丝们提议的。因为中医很讲究食疗，所以粉丝们提出建议："现在市面上有那么多假食材，我们也不会辨别，你就帮我们研究哪里的食材好，这样我们跟着你买就好了。"

接下来，小兰开始研究各种有药效的食材，并到原产地挑选和采购。就这样，她慢慢建立起了自己的供应体系，粉丝们跟着她采购。

虽然她的粉丝不多，但她每年也能赚百万元——每年"开团"10次，每次只要有5 000~10 000名粉丝购买即可。正因为每年开团次数不多，所以她基本只做精品，而这也让粉丝对她产生了很强的黏性。

小兰没想着把自己的公众号做成有影响力的头部大号，她说：“现在挺好的，一切在自己的掌控范围之内，不用为太多事操心。”

看起来风轻云淡的小兰，她的成功秘诀在于——因为喜欢，所以专注。当你真的想用心做好一件事情的时候，认真的磁场就能吸引来越来越多的能量。

4 理财操作的具体展开

人生中的第一张信用卡

我人生中的第一张信用卡是在工资卡所在的银行办理的。当时，中国银行直接到单位开展办信用卡的业务，我就办了第一张信用卡。那张信用卡的额度是5 000元，算是比较高了。

当时，用信用卡的人并不多，直到后来各大银行为了推广信用卡和越来越多的商户合作，你会发现，拥有一张信用卡能享受很多优惠，比如购物、吃饭有折扣，还有一些专门为女性设计的信用卡，直接送短期保险。这些优惠点燃了我办信用卡的热情，哪家银行的优惠多，我就去办哪家的。

可信用卡用多了之后我才知道，银行的这些合作商户会有重合，而且也去不了那么多家商户消费，反而会因为信用卡太多，有时候忘了还款，变成了逾期还款，给个人信用带来污点。于是，我开始慢慢清理信用卡，注销一些不常用或合作商户比较少的信用卡，保留了常用的。

所以，如果你是第一次办理信用卡，我建议你在工资卡所在的银行申请办理，这样更容易申请成功。因为申请信用卡时，银行会看个人征信报告，没有和银行发生过信贷关系的用户属于白户，银行一般不会轻易下卡。

我的朋友小E第一次申请信用卡时，看上了光大银行的一款信用卡，兴冲冲地申请却被银行拒绝了。后来，小E先向代发工资的招商银行申请了信用卡，下卡之后，她再去光大银行申请，便“曲线救国”成功。

在代发工资的银行申请信用卡，是不是一定会成功呢？不一定。因为信用卡也分不同等级，如果你的第一张信用卡直接申请白金卡，那么成功率应该不高。

信用卡等级分为普卡、金卡、白金卡、钻石卡、黑卡，等级越高，申请难度越大，但享受的福利也会越多。

第一次申请时，你可以重点关注白金卡。如果没申请下来，可以先退而求其次，选一张金卡，再进阶申请白金卡。

信用卡除了等级不同，卡种也有讲究，常用的有3类：Visa（维萨）、MasterCard（万事达）、银联。

目前，Visa是世界上最大的信用卡国际组织，在美国、亚洲国家较为通行。

MasterCard是全球第二大信用卡国际组织，在欧洲的影响力更大一些。

银联是中国的信用卡组织。现在，在很多国家和地区都能看到“银联”支付的标识。

并不是所有国家和地区的商户都同时支持这3种信用卡，有些商户只支持其中一种，就像现在有些商户只支持微信或支付宝支付。

为了确保总有一张信用卡能刷成功，你可以各办一张Visa、MasterCard、银联的信用卡，这样就不怕出现刷不了卡、买不了单的尴尬局面了。

用这3种信用卡，有以下3个技巧。

第一个技巧，去国外旅游时最好使用银联卡或Visa/MasterCard的全币种卡。

在国外消费时，能用银联卡就尽量用银联卡。若使用Visa卡、MasterCard卡，商家一般会收取“国际信用卡外汇汇兑手续费”，而使用银联卡一般是免费的（办卡时需要和银行确认一下）。

举一个例子，若你持有Visa/MasterCard的双币种卡（美元/人民币），你在英国买了1 000英镑的商品，若使用Visa/MasterCard通道，要先把英镑换成美元，再把美元换成人民币。这样会产生汇兑手续费，大概是商品价格的1.5%。

操作步骤大致如下。

第一步：1 000英镑按刷卡日汇率兑换成1 283.7美元。

第二步：外汇兑换手续费是：1 283.7 × 1.5% ≈ 19.26美元。

第三步：1 283.7+19.26=1 302.96美元，按账单日汇率兑换成9 038.24元。

若你持有的是Visa/MasterCard的全币种卡，就不会产生汇兑手续费。

第二个技巧，根据汇率判断是使用银联卡还是Visa/MasterCard卡。

Visa/MasterCard卡是按账单日汇率结算的，而银联卡是按刷卡日汇率结算的，不同的结算时间就会影响还款额。若你判断美元汇率会走低，就刷Visa/MasterCard卡；若判断美元汇率会走高，或想锁定汇率，就刷银联卡。

第三个技巧，在国外取现首选银联卡。

使用Visa/MasterCard卡取现，手续费一般为取现额度的1%~3%，而银联卡在不少国家取现时是免手续费的。不过不同银行的规定不同，办卡的时候要问清楚。

银行为了提高发卡量会和越来越多的商户进行合作，因此究竟选哪家银行办理信用卡，就看你喜欢哪些优惠了。

如果你是“吃货”，可以办理有很多美食优惠的信用卡；如果你是商务客，可以办理兑换航空里程积分的信用卡；如果你有爱车，可以办理有洗车、修车、加油等优惠服务的信用卡；如果你喜欢购物或旅游，可办理购物、旅游优惠力度大的信用卡。

还有一些针对不同群体的信用卡，比如女性卡、公务员卡等。也有不少信用卡是银行与商户发起的联名卡，比如淘宝、携程、爱奇艺、南方航空、北方航空等都有联名信用卡。

选信用卡时，还有一点也是很重要的，即信用卡的积分价值。

以航空里程积分为例，有些信用卡是每消费十二三元有1里程积分，有些信用卡是每消费七八元就有1里程积分。如此比较，后者的积分价值就很高，同样的消费金额可以多换航空里程积分，获得免费机票的时间会更短。

一般来说，小银行的积分会比大银行的积分更划算，所以办信用卡时不一定非要迷恋大银行。比如我常用的广州农商银行的信用卡，它的发卡量远不如大银行，正因如此，我的中奖率特别高，比如刷满多少笔消费抽奖，送蝙蝠侠定制水杯、乐高玩具等。只要我参加，基本上都能抽中。不过随着它的用户量增加，我现在抽中的次数也越来越少了。

还有一个小提醒，使用信用卡不一定要设密码。如果银行没有强制要求，大可不设。

因为信用卡的本质是信任，通过签名来确认消费是国际惯例。商家在确认你的消费时，是要核对签名的。如果商家没核对签名而发生了盗刷，那么商家是要承担一定责任的。

信用卡会和你的个人征信报告挂钩，记得每个月按时还清信用卡账单，积累良好信誉。

人生中的第一只基金

可能很多人都不知道自己买的第一只基金是余额宝。这个听起来不像是基金的产品，实际上是与货币基金挂钩的。

2013年，天弘基金管理有限公司专为支付宝定制的“余额宝”面世，一经面世就获得巨大成功，蚂蚁集团干脆入股天弘基金管理有限公司，持有51%的股份，成为它的控股股东。截至2020年第二季度末，余额宝的资金管理规模已有1.22万亿元，成为中国规模最大的货币基金，而该规模也占了天弘基金管理有限公司1.44万亿元资金管理总规模的84.7%。

发展到现在，余额宝的覆盖范围更广阔了，不仅仅有天弘基金一只货币基金，它还引入了其他20只货币基金，用户可对比选择收益较高的产品。

除了余额宝，你买的第一只基金是什么？不少人说，其人生中的第一只基金是瞎买的，或者听从了银行经理的推荐而购买的。现在回头看，有些基金赚钱，有些基金亏钱，但很多人依然没搞懂基金为何有赚有亏。

在这里可以总结为两点：一是不要随便买别人推荐的基金，二是买入的时机及基金的投资方向也很重要。这些关系到基金的收益。

不同的人对风险的偏好是不一样的，因此在买基金之前，你要问问自己希望获得怎样的收益，然后去买对应风险的基金。

基金大致分为货币基金、债券基金、指数基金、混合基金、股票基金。

货币基金仅投资于货币市场，一般是不足1年的短期金融工具。

债券基金是以债券为主要投资对象，至少80%的资金投资于债券。

指数基金是以某一选定的指数为投资对象，依据构成指数的证券或商品的种类和比例，采用完全复制或抽样复制的方式进行被动投资的金融工具。

股票基金是主要投资于股票市场，且投资股票的比例不得低于80%。

混合基金是同时以股票和债券为投资对象，投资股票的比例在0%~95%（有一些基金投资股票的上限为80%）。

若看年化收益率，一般来讲，货币基金的年化收益率为2%~3%；债券基金中的纯债基金年化收益率为4%~5%，其他类型的债券基金要看股市行情，收益率高的话会达到10%以上，低的话也会出现负数；指数基金、混合基金（偏股型）和股票基金与股票市场的相关性更强，收益率要看当年的股市行情，行情好的话能有10%~50%的收益率，行情不好的话也会有同等幅度的亏损，相对来讲，在这3种基金中，指数基金亏损的幅度会小些。

这就好理解了，偏好低风险的投资者可选货币基金或纯债基金；偏好中风险的投资者可选纯债基金以外的债券基金；偏好中高风险的投资者可选指数基金、混合基金或股票基金。

具体如何选择基金进行投资呢？主要看5个指标：历史业绩、评级和排名、基金持仓、基金经理和基金规模。

第一个指标是历史业绩，即基金净值的涨跌幅。

我们看基金的业绩不能只看1年，要看3年、5年，甚至是基金成立以来的业绩，这样才能更好地判断这只基金在牛市和熊市中的业绩表现。有些基金近1年的收益率达29.23%，但近3年的收益率只有6.65%，这就说明它在熊市中表现一般。截至2020年9月30日，有39只从成立以来回报率超10倍的主动型基金（见表4–1）。

表4-1 成立以来回报率超10倍的主动型基金

基金代码	基金简称	成立以来回报率（%）
000011	华夏大盘精选	3 345.1683
070002	嘉实增长	2 505.2272
163402	兴全趋势投资	2 182.8374
100020	富国天益价值 A	2 024.6415
260104	景顺长城内需增长	1 999.4101
162605	景顺长城鼎益	1 882.4575
161005	富国天惠精选成长 A/B	1 820.4090
151001	银河稳健	1 666.5343
519008	汇添富优势精选	1 666.3013
020001	国泰金鹰增长	1 640.8537
040004	华安宝利配置	1 625.1044
160505	博时主题行业	1 590.2663
002001	华夏回报 A	1 532.5242
100022	富国天瑞强势	1 517.4426
260101	景顺长城优选	1 511.7854
240001	华宝宝康消费品	1 495.8478
070001	嘉实成长收益 A	1 356.4984
288002	华夏收入	1 322.4457
163801	中银中国	1 287.5123
160603	鹏华普天收益	1 285.7071
162703	广发小盘成长 A	1 218.7151
270002	广发稳健增长 A	1 199.1021
162201	泰达宏利成长	1 189.6521
020003	国泰金龙行业	1 172.6717
519688	交银精选	1 139.3835
090004	大成精选增值	1 115.1192

（续表）

基金代码	基金简称	成立以来回报率（%）
162203	泰达宏利稳定	1 083.0826
519001	银华价值优选	1 068.8739
163302	大摩资源优选	1 064.8858
160605	鹏华中国 50	1 063.0264
161706	招商优质成长	1 057.0382
213001	宝盈鸿利收益灵活配置	1 044.1219
002011	华夏红利	1 033.6908
180012	银华富裕主题	1 032.3575
080001	长盛成长价值	1 016.2344
519087	新华优选分红	1 010.0923
257020	国联安精选	1 004.3685
090001	大成价值增长	1 002.5572
162204	泰达宏利行业	1 002.4680

来源：Wind资讯。

第二个指标是评级和排名。

基金的评级和排名一般是第三方机构给出的，它们会根据基金的稳定性、抗风险能力、收益率等指标给出评级。国内比较权威的基金评级机构有晨星公司、中国银河证券基金研究中心、理柏公司。

评级从一星到五星，一星最低，五星最高。但不是所有基金都有评级，一般是成立满3年的基金才会参与评级。如果你见到有些基金没有评级，大概率是因为该基金成立未满3年。

排名则是指该基金在同类产品中的排名，就像班级排名一样。排名当然是越靠前越好，投资者最好选择在同类产品中排名前25%的基金，其次是选择排名前50%的基金。也就是说，在1 000只基金中，投资者宜选择前250名到前500名的基金进行投资。

第三个指标是基金持仓。

这指的是该基金的主要投资方向。这个指标对不需要涉及投资方向的货币基金、债券基金和指数基金的参考意义不大，但对混合基金、股票基金的选择有很大的参考意义。

以2019年收益率高达106.58%的广发多元新兴股票这只基金为例，在它的持仓中，我们可发现其重仓股基本是2019年的科技牛股，这就揭示了其业绩这么牛的原因所在。

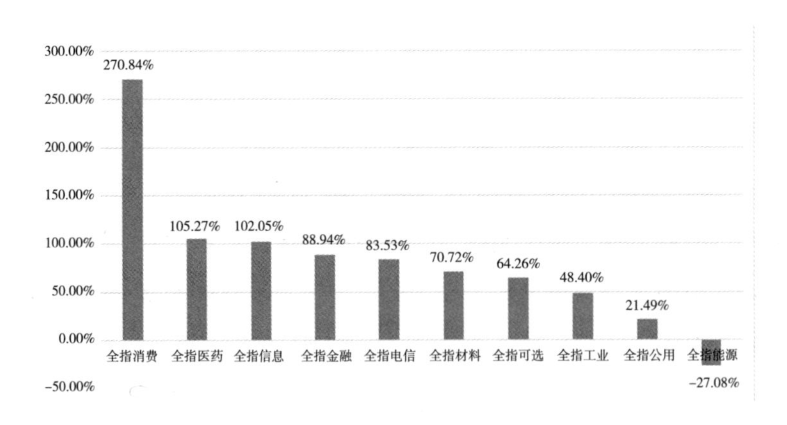

图4-1　中证全指一级行业指数排名

来源：Wind资讯，数据统计区间为2014.01.02—2020.11.18。

如果不知道怎么选基金的投资方向，可参考中证全指一级行业指数的排名来选择涨幅靠前的行业（见图4–1）。

从图4–1中可见，全指消费指数涨幅第一，达到270.84%，而全指能源指数却下跌27.08%，排名最后。

若选错了行业，这6年的收益会相差好几倍。

由此可见，基金的投资方向会对基金的未来业绩产生重要影响。

第四个指标是基金经理。他就像基金的掌舵人，掌控着基金的业绩。

货币基金、债券基金和指数基金对基金经理的要求没那么高，但混合基金、股票基金对基金经理的要求特别高，因为这些基金的业绩全凭他们的操作。买这些基金时，我们要特别了解基金经理的从业背景、过往业绩等。

选股票型和混合型的基金经理时，可以参考以下4个因素。

（1）至少经历过一轮牛熊市。离我们最近的牛市是2014—2015年，熊市是2016年和2018年。若经过此轮牛熊市，基金经理的从业时间要在6年以上。

（2）管理的基金规模要大，起码管理过20亿元以上的资金。

（3）历史业绩要好，任职年化收益率超过15%为优。

（4）擅长寻找并投资优秀的行业。

在支付宝理财中的“基金”分类下有个“金牌经理”板块，点击进去之后发现，可通过管理规模、从业年限、任职年化回报率等指标来选择基金经理。假如我们设定一个更严格的筛选标准：从业时间在10年以上，任职年化回报率在15%以上，基金管理规模在100亿元以上，最终筛选出来的基金经理有朱少醒、董承非、刘彦春。

这个筛选标准不一定100%有效，但它可作为我们的参考。

第五个指标是基金规模。有的基金是规模越大越好，有的是规模适中就好。

货币基金、指数基金都是规模越大越好，规模在上百亿元是最好的，比如易方达上证50增强A的规模是240.22亿元（截至2020年12月31日）。

债券基金的规模则小一点比较好，在几亿元到几十亿元比较合适。混合基金、股票基金的规模不要太大，也不要太小，适中最好，一般在50亿元左右。现在，不少业绩强劲的基金规模在百亿元以上，如果基金经理的历史操盘水平不错，能驾驭得了超大盘，那么股票基金的规模标准也可以放宽一些。

货币基金和债券基金都适合一次性买入；指数基金、混合基金和股票基金适合定投，因为平时波动比较大。这样无论何时开始买这些基金，只要坚持定投，都能摊低成本，最终获得好的收益。

有个小提示，基金产品在不同的平台购买时手续费会有差异，投资者在购买之前最好比较一下。

除了可以在基金公司的官方平台买入基金，我们还可以在银行、证券公司、金融中介机构等平台买入。一般来讲，在金融中介机构买入基金时，手续费都有折扣，便宜不少。

举个例子，你想买入1万元基金，若在银行买入可能会收取1.5%的手续费，即150元；而在金融中介机构买入，可能会收取低至0.15%的手续费，即15元。如果买入10万元基金，手续费就差了上千元。有些基金在基金公司的官网买，还可免手续费。

买入基金的手续费若能打折，甚至是零，这就意味着，投资之路刚刚开启时，你就先赢了一局。

人生中的第一份保险

先来说说小M的故事。小M的丈夫35岁，处于创业中，没有稳定的收入；小M 33岁，有一娃，月入2万元，父母没有收入，家里基本没有存款。目前，夫妻二人无房产，租房住；丈夫没有病史，小M、孩子、父母都有病史。在丈夫、小M和孩子之中，应该先给谁买保险？

让我们先来了解买保险的原则：一是先买大人再买小孩，二是先给家庭的主力配齐，三是按照家庭预算买保险。

我身边有不少妈妈一有了孩子就想着先给孩子买保险，不是先买重疾险，而是先买教育险。她们总觉得要给孩子创造无忧的学习条件，却忘了孩子若生病了，费用怎么办？我们还可以再想想，若是大人有事却没有保障，那孩子怎么办呢？给孩子买保险不是对他最大的保障，给大人买保险才是对他最大的保障。

谁是家庭主力就先给谁买，因为万一家庭主力病了，其他成员失去了经济来源怎么办？

至于保险金额是多少，就要看家庭预算了，一般按家庭年收入的10%进行配比。

针对小M的情况，丈夫和自己都算是家庭主力，所以要先给丈夫和自己配齐，然后给孩子和父母配齐。

配齐保险指的是配齐哪些保险呢？其实是指配齐重疾险、寿险、医疗险和意外险。

假设小M是全职太太，则应该先给身为家庭主力的丈夫配齐保险，自己也要配好重疾险和医疗险。

需要配齐的这4种保险有什么区别？重疾险、寿险是给付型，只要发生了所保事故，保险公司就一次性赔付；医疗险是报销型，只有住院了才会产生费用，保险公司进而进行报销；意外险则两者兼有，有意外医疗险，则产生住院费用可报销，被保险人身故则保险公司一次性赔付。

如果一次性配齐保险预算不够，那么可以考虑消费型的重疾险和寿险，这也是近年来互联网保险主打的类型。消费型保险是相对于储蓄型保险而言的，储蓄型保险是有事出险，期满还保费或高于保费的金额；消费型保险是有事出险，期满后不返还。因此，储蓄型保险的价格要比消费型保险的价格高不少。

假设两位40岁的男性各自买了一份需缴费20年、40万保额保终身的重疾险，A先生选择了储蓄型重疾险，B先生选择了消费型重疾险。A先生每年需交的保费是1.7万元，总保费是34万元；B先生每年需交的保费是7 900元，总保费是15.8万元。期满后（假定两人在99岁时），A先生能拿回39万元，B先生则一分钱也拿不回来，相当于该保险产品被他“消费”了。

这样看来，B先生损失了15.8万元，A先生赚了5万元。但你们有没有想过，若B先生每年把相较于A先生所省下来的9 100元保费用于理财，年化收益率设为4%，20年后，B先生手中的钱变成了约28万元。两人60岁后便不用交保费了，B先生继续用这28万元去理财，假设年化收益率依然为4%，那当两人99岁时，B先生的28万元就变成了约129万元，这比A先生拿回的钱整整多了90万元。

买保险买的是保障，即未来所面对的可能发生疾病的风险，而不是想着若没发生疾病，自己还能拿回保费。这么一想，消费型的保险能用更少的钱获得和储蓄型保险同样的保障，更符合买保险就是买保障的定位。

这里我要重点说一下定期寿险，它有一个隐形的保障。

有房贷的家庭，家庭主力一旦离世，房贷谁还？若有一份和房贷时间等长、等额的定期寿险，即使家庭主力离世，寿险的赔付额等于房贷金额，这样房子就不会断供。若是没有房贷的家庭，也可按家庭年支出乘以10的金额买等额定期寿险，这样家庭主力即使离世，其他人的生活也有保障。

买保险的五大误区

1. 有医保就不买保险

对我们来说，医保是最基本的保障。只要我们上班，单位一般会给职工缴纳五险一金，并会代缴、代扣个人部分，包括养老保险、医疗保险、工伤保险、失业保险、生育保险和公积金。如果没有工作，我们也可以自己缴费参加城乡居民基本医疗保险和城乡居民社会养老保险。

其中，生病、看病时报销用的就是医保。以广州职工医保为例，职工医保普通门诊的统筹基金最高支付限额为每人每月300元，即每月最高报销300元，在基层定点医院的报销比例为80%。还有一点需要注意的是，住院费用的报销情况是和医院等级挂钩的，病人达到起付线后使用医保，超过起付线的部分，一级医院可报销90%的费用，二级医院可报销85%的费用，三级医院可报销80%的费用。

广州2019年住院门诊等医保封顶线是67万元，达到封顶线后，还有30万元重大医疗补助。也就是说，广州职工看病报销每年的封顶线约为100万元。

医保这么好了，还要买保险吗？过来人告知大家一下，医保只能报销医保范围内的用药，医保范围外的用药无法报销，需要自费。在住院时，病人还是会用到不少医保范围外的药，就只能靠商业保险来报销了。

举个例子，在广州工作的小陈30岁，由于心脏病，他在三甲医院住院做了手术，总共花费了7万元，其中有2万元属于自费项目，医保无法报销。按三级定点医院住院报销起付线为1 600元、报销比例按80%计算，5万元的报销金额为：（50 000 - 1 600）× 80% = 38 720元。剩余的11 280元需自付，加上自费的2万元，小陈仍有31 280元需自掏腰包。

此时，如果小陈有一份百万医疗险的商业保险，那么扣除保险公司要求的1万元免赔额（有些保险公司的免赔额可低至5 000元），剩余的钱在医保报销后就可以由保险公司进行赔付。整体算下来，小陈最终花费1万元。而对小陈来讲，他只需每年多花几百元买百万医疗险。

2. 买了医疗险就不用买重疾险

不少人误以为医疗险等于重疾险，两者都是保障疾病的，买一个就行。非也！

重疾险是确诊即赔，医疗险是凭发票报销。你若住院了，可以用医疗险报销，但不住院呢？很多重疾患者即便不住院也需要护理，这时候，就得靠重疾险的赔付。重疾险不管你是否住院，只要你确诊为重疾，保险公司即可赔付（见图4-2）。

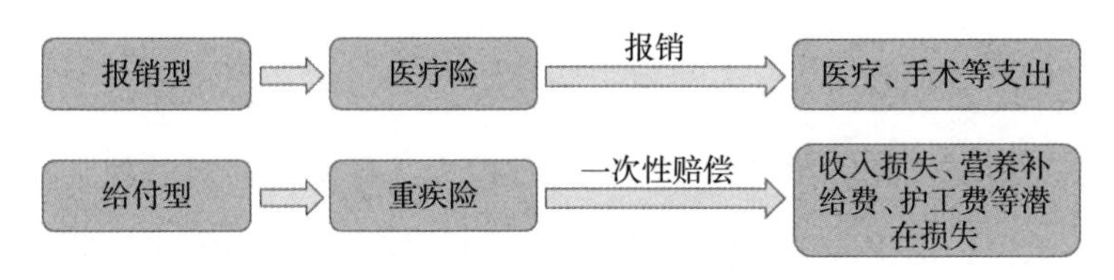

图4-2 医疗险与重疾险的区别

重疾险有点类似于收入损失险。一般得了重疾的人会因为无法工作而失去收入，此时若有一笔重疾险的赔付，比如30万~50万元，相当于获得了一笔收入，这样病人就更有底气去治疗，也不会给家庭带来额外的负担。

如果经济条件允许，重疾险的保额最好是年收入的5倍，但也不是固定的。从实际情况来看，目前重疾险的保额在30万~50万元，基本能覆盖治疗费。

3. 买保险前专门去做体检

保险公司一般不要求投保人在投保前进行体检，除非投保人到了一定年龄，保险公司觉得有必要才会让他去体检。在一般情况下，投保人买了保险后可过了等待期再去体检。

如果公司每年会安排体检，那投保人就根据现有的体检资料如实告知保险公司就好。若投保人在身体健康时投保，保险公司会正常承保；若投保人在身体有异常的情况下投保，保险公司会对其规定除外承保或是直接拒保。

比如我的朋友小贝，自己身体好的时候没想着买保险，后来体检查出有乳腺纤维瘤。她买保险时，保险公司对其规定除外承保，即保险公司仅赔偿除乳腺相关疾病之外的疾病。这里的重点是，我们要尽量在身体健康时投保。

在投保时，投保人需要填写“健康告知”，那填写时要注意什么？保险公司要求投保人填写健康告知书时，投保人按照告知书上的问题回答即可。就是保险公司问什么，你回答什么，如果没有问到，你就不用特意说。比如，一般的感冒、发烧，以及吃错东西导致的炎症等不用告知保险公司。

4. 找大品牌保险公司买保险更可靠

我国有200多家保险公司，但多数人听过的保险公司屈指可数，比如中国平安保险公司、中国人寿保险公司、中国太平洋保险公司、中国人民保险公司等。能一口气说出10家保险公司的恐怕没有多少人。2019年保费收入前20强的保险公司之中，就有不少是主打线上保险的（见表4–2）。

表4-2　2019年寿险公司保费收入排名*

排名	保险公司（简称）	保费（亿元）	市场份额（%）
1	中国人寿	5 683.81	19.18
2	平安人寿	4 939.13	16.67
3	太平洋人寿	2 123.64	7.17
4	华夏人寿	1 827.95	6.17
5	太平人寿	1 404.59	4.74
6	新华人寿	1 381.31	4.66
7	泰康人寿	1 308.38	4.42
8	人保寿险	981.35	3.31
9	前海人寿	765.39	2.58
10	中邮人寿	675.41	2.28
11	工银人寿	527.10	1.78
12	天安人寿	520.90	1.76
13	富德生命	513.13	1.73
14	阳光人寿	481.18	1.62
15	百年人寿	456.41	1.54
16	恒大人寿	420.23	1.42
17	国华人寿	375.80	1.27
18	君康人寿	362.11	1.22
19	友邦保险	331.34	1.12
20	建信人寿	291.93	0.99

有些保险公司之所以被大家熟知，主要是因为广告多、线下服务人员多。但钱从哪儿赚？有一句话叫“羊毛出在羊身上”。保险公司的广告打得越狠，线下服务做得越好，我们承担的保费就越多。由此看来，买保险不能仅仅以公司规模为判断依据，要

* 根据公开信息整理，若有出入，请以官方发布为准。

重点看这款保险产品的性价比，以及它适不适合你。先看产品，后看公司，大家不要搞错顺序。

5. 小型保险公司难理赔

从2020年上半年各家保险公司的理赔年报来看，无论公司大小，理赔率都超过了96%。绝大多数投保人都能顺利获得理赔，其中并没有明显的大小公司之分。

表4-3　2020年上半年各保险公司理赔数据*

保险公司（简称）	理赔金额（亿元）	理赔时效（天）	获赔率（%）	保险公司（简称）	理赔金额（亿元）	理赔时效（天）	获赔率（%）
中国人寿	210.00	0.37	99.50	长城人寿	1.24	—	—
平安人寿	151.00	—	—	北京人寿	1.17	1.89	—
太平洋人寿	72.30	—	小额 99.90	信泰人寿	1.08	1.14	—
新华保险	53.00	—	—	昆仑健康	0.87	—	—
太平人寿	34.00	—	—	东吴人寿	0.81	0.65	99.58
人保寿险	30.49	—	—	长生人寿	0.69	1.03	96.34
泰康人寿	26.30	—	—	吉祥人寿	0.67	1.50	98.00
华夏人寿	21.80	小额 0.19	小额 99.94	上海人寿	0.64	小额 0.98	99.80
阳光人寿	11.00	—	98.83	弘康人寿	0.48	—	—

* 根据公开信息整理，如有出入，请以官方发布为准。

（续表）

保险公司（简称）	理赔金额（亿元）	理赔时效（天）	获赔率（%）	保险公司（简称）	理赔金额（亿元）	理赔时效（天）	获赔率（%）
民生人寿	3.60	1.40	99.00	爱心人寿	0.29	小额 0.32	99.00
光大永明	3.50	—	—	复星保德信	0.25	1.74	97.47
中英人寿	2.75	1.16	99.27	信美相互	0.24	—	—
前海人寿	2.51	1.13	小额 99.84	瑞泰人寿	0.20	—	—
中意人寿	1.97	1.33	98.83	国联人寿	0.19	—	—
恒大人寿	1.90	1.16	99.42	国宝人寿	0.07	小额 0.75 平均 1.56	99.49
同方全球	1.33	0.39	98.40				

大公司如中国人寿保险公司，小公司如上海人寿保险公司，它们的理赔率几乎达到了100%。在理赔速度方面，大小保险公司都不慢，一般两天内能完成理赔，一些小额案件甚至只要几个小时（见表4–3）。

总体来看，保险赔不赔、赔得快不快，看的是保险条款，跟你从哪家公司买保险关系不大。

银保监会对保险理赔的监管相当严格，要求保险公司做到不惜赔、不滥赔、不错赔，所以我们不用担心理赔时会被保险公司故意刁难，该赔的钱，保险公司一定会赔。

很多被拒赔的案件，一般是因为投保人没有如实做好健康告知，或出险不在合同的约定保障范围内。若这两点没有问题，普通人寻求理赔并不难。

人生中第一次买黄金

我奶奶很喜欢收藏黄金，除了金条，她还有不少金戒指。奶奶说黄金可以抵御通货膨胀，这些金子以后是要留给子孙后代的。

但从长期来看，黄金顶多能让投资者免受通货膨胀的冲击，并没有长期投资价值，但它有阶段性的投资机会。

影响黄金价格的因素

1. 黄金在一定程度上与经济发展呈负相关

每一轮经济危机都是投资黄金的好时机，这是因为黄金具有避险作用。

于20世纪50年代爆发的朝鲜战争和越南战争导致各国抛售美

元，疯抢黄金。随着原油价格飙涨，美国的通货膨胀率在1979年冲破12%，黄金大涨。仅用了5个月的时间，黄金价格就从1979年8月的每盎司*300美元涨到了1980年1月的每盎司850美元。

虽然后来爆发了两伊战争，但全球市场秩序已开始回归，各国央行也开始削减黄金储备，再加上信息革命带来的经济发展，这些降低了人们的恐慌。于是，1980—1999年，市场迎来了19年的黄金衰退期，黄金价格从每盎司850美元下降至每盎司251美元。

进入21世纪后，先是美国遭遇“9·11”恐怖袭击，后是2003年美国发动伊拉克战争，政治局势的不明朗使得黄金价格开始上涨；2008年的次贷危机引发的全球金融危机，黄金成为避险资金的最爱。在美国连推了两轮量化宽松政策之后，以及利比亚战争的爆发，黄金价格在2011年攀升至每盎司1 920美元。

随着全球经济回暖，黄金再次遭到抛售，最低回调到每盎司1 000美元左右。然而在2018年，由于国际形势的不稳定，如全球贸易摩擦、经济衰退等，各国央行又开启买黄金模式，黄金价格逐步攀升。直到2020年全球新冠肺炎疫情带来的经济停摆，美国重启量化宽松政策，黄金价格终于突破了2011年的高点，攀上了更高峰。

---

* 1盎司约等于28.35克。

2.黄金在一定程度上与通货膨胀呈正相关

当通货膨胀率越高、钱越不值钱时，黄金就越值钱；当通货膨胀率越低、钱越值钱时，黄金就越不值钱。从上述黄金牛熊市的情况来看，每当美国联邦储备系统“大放水”，比如在2011年和2020年大量印钞，黄金就会出现好的行情。这是因为印钞意味着通货膨胀率变高。

不过，也不是说有了通货膨胀，黄金价格就一定会涨。一般是遇到了较严重的通货膨胀，黄金价格才会大涨。典型的例子是20世纪七八十年代美国处于滞胀危机时，黄金价格曾出现过两轮跟随通货膨胀率走高的上涨，但是在相对温和的通货膨胀阶段，二者没有呈现出这样的关系。

这时候，我们就要重点关注下面这个指标——10年期国债实际利率。

3.黄金在一定程度上与10年期国债实际利率呈负相关

美国10年期国债实际利率上升，其他资产的投资回报率也会跟着上升，资金将流向其他资产，此时黄金的相对价值会出现下降，造成黄金价格下跌；反之，当美国10年期国债实际利率下降时，黄金的相对价值会上升，黄金价格会上涨。

2020年8月4日，黄金价格首次突破每盎司2 000美元的历史最高价，这与美国最近10年期国债实际利率跌至1%密切相关。美元实际利率走向负数，就表示任何以美元计价的资产都会自动缩水，因此卖出美元、买入黄金就是投资者们在止损的表现。

投资黄金的途径

1.实物黄金

购买实物黄金是最方便的投资黄金的途径了。实物黄金就是金条，刻有“AU9999”的字样，买起来很简单，一般在金店就可买到，银行、持牌的黄金机构也会推“实物金”。

但金条卖起来比较麻烦，只能找当时卖给你的机构。因为金条的规格、成色各有差异，其他机构一般不认外来的金条。并且金条的卖出价不等于实时价，而是等于各机构的实际回购价（低于实时价）减去手续费。所以，如果不是黄金价格大涨，卖金条赚不了什么钱。

2020年的这轮黄金牛市，终于让长期手持实物黄金的投资者等到了卖出时机。广东某黄金交易商接待了一名神秘客户，该客户竟提着一箱近29千克重的金币来兑换现金。客户买的时候，金币总价值是900多万元，客户在2020年8月兑换了1 223

万元现金，赚了200多万元。

很多人以为金饰也和金条一样，可以用来投资，其实不然。金饰更多体现的是消费品属性：第一，因为要加工成饰品，包含了加工费，所以它的挂牌价就比现货价贵；第二，只要佩戴它就会产生损耗，其本身的成色会降低；第三，金饰回购的时候还要收各种费用。所以金饰买来戴着就好，或者作为传家宝也不错。

2. 定投“黄金积存”

如果买了实物黄金，还要找地方存放，若是定投银行的黄金积存，就解决了存放的问题。

定投黄金积存是指客户采取主动积存或定期积存的方式，按固定克数或固定金额购入银行的黄金产品。

对于黄金积存账户内的黄金余额，可以选择到银行提取实物或赎回（向银行卖出）。

定投黄金积存是1克起买，通过这种积少成多的方式，最终实现买到“大金条”的目的。

3. 投资“纸黄金”

如果只想赚取黄金差价利润，不想拿实物黄金，那么你可以考虑建立纸黄金账户。投资纸黄金属于“记账黄金交易”，你无须持有实物黄金，可以在银行提供的平台买卖黄金。投资纸黄金有人民币金、美元金两种交易模式。

与投资实物黄金相比，投资纸黄金门槛较低，1克起投，可以24小时交易，不仅可以买涨，还可以买跌。不过，若不小心操作反了，就容易产生亏损，风险有点高，不太适合小白进行投资。

4. 黄金ETF

最适合普罗大众小试一把的是投资黄金ETF，1元起投。黄金ETF就是黄金基金，买入它就相当于投资了黄金市场。投资黄金ETF的最大好处是，不用整天盯着市场，有专业的基金公司帮你盯着。而且，黄金ETF有实物黄金支撑，其超过99%的资金用于买入上海黄金交易所的黄金现货合约。

目前，市场主要发行的是以下4只黄金ETF（见表4–4）。投资它们的最好方式是定投，它们可作为家庭配置中的避险资产。

表4-4　4只黄金ETF的名称及代码

名称	场内代码	场外代码
易方达黄金ETF	159934	000307
华安黄金易ETF	518880	000216
博时黄金ETF	159937	002611
国泰黄金ETF	—	000218

人生中的第一套房子

我想分享一下闺密小影从一居到豪宅的“购房记”。

小影在经历过两段失败的感情后，觉得自己要有一个安稳的小窝，而且要离上班的地方很近。本来她只想租一个好点的房子，后来发现租金也不便宜，如果自己能出首付，房贷和租金差不多。

首付恰好是她能付得起的，于是她就萌生了买房的想法。小影说当她在第一套属于自己的30平方米的小房子里，站在阳台上面对着正在兴起的中央商务区时，自己就暗自发誓——将来一定要攒够钱，在那里买一套房子。

于是，她闲来无事就到处看房子。后来，她发现一个城中心遗留的“价值洼地”。那里当时还是城中村，周边环境一般，但政府已说要大力改造。

她看中了一套70多平方米、位于一楼的房子，首付要30万元，可她手上只有10万元。于是，她找亲戚朋友借钱，最后凑够了30万元。买了没多久，政府就把那块区域的一楼打造成商业区，而她的一楼也顺利租了出去，变成了服装店。这样，租金不仅够付每月房贷，她还把剩下的租金攒起来，用来偿还亲戚朋友的借款。

随着房价的上涨，小影的第一套房子涨到了160万元，第二套房子也涨到了320万元，如果她把两套房子卖掉，就能在梦想的中央商务区买房了。

在她动心思的时候，恰好在政府的调控下，房价开始下行。周边的人都和小影说再等等，估计房价还得跌，可是她估摸着深圳的房价都涨疯了，广州核心的中央商务区房价却在下跌，这种现象肯定不会长久，不如趁现在房价低马上入手。于是，她锁定了一套业主急售的房子，快速地卖出手上的两套房子。

小影买房的过程也是相当顺利的：第一套房子因为面积小很快就有朋友愿意买，小影全款收钱；第二套房子被租店铺的老板直接买下来了，小影也是全款收钱。这样她就顺利地给中央商务区的房子交首付了，再晚一点，房价反弹的话，她要多付几十万元。

回过头来看，小影能置换到梦想中的豪宅，在于她在自己的能力范围内搏了一把。

小影的买房之道

1.用小杠杆撬动大资金

大家都听过古希腊的哲学家、数学家、物理学家阿基米德所说的经典名言，“给我一个支点，我就能撬起整个地球”。其实买房也是一样的，你只需要拿出首付，就能撬动总价很高的房子。

不少人还持有老一辈的观点——买房要付全款，不要借钱，借钱就是负债。借钱是负债，但良性负债是好的。

举个例子来说，假设两人要买同一小区价值100万元的房子，A把所有的积蓄用上，全款买房；B选择首付30万元、贷款70万元，房贷每月是3 800元，自己手里剩20万元用于理财。

首先，B没有A这么多钱，却能与A住在同一个小区。

其次，B支付了30万元，剩余20万元用于理财，在还贷的同时可以享受理财带来的收益。

再次，5年后卖房子的时候，假设两套房子同样卖250万元，那么A用100万元的成本赚到了150万元，收益率是150%。B付出的成本是：30+ 22.8（已还贷款）+ 64（提前还款）=116.8万元，那么B的收益为133.2万元。但是，B的提前还款只是因为周转需要，并不能算实际付出的成本，所以B的实际成本为：30+22.8=52.8万元，即B用52.8万元的成本赚到了133.2万元，收益率是252%（数字仅为举例，用贷款计算器计算，具体情况以银行结算为准）。

这样一对比，就显示出良性负债的好处了。当然，要实现这一切的前提是，房价会上涨。如果房价不涨反跌，就不会获得这种收益率。

房价无论是上涨还是下跌，其中房贷最大的作用是用小资金撬动大资金。要想不占用资金，买房时就可以考虑不用全款，贷款买房虽然要背负债务，但会让自己的资金安排更灵活。

阿基米德所说的话其实是杠杆理论，这在经济学中也是很常见的，小雯就运用得很好。

当时的买房政策还没有现在这么严格，小雯的房子都是用30%的首付搞定的。买第一套房子时，她用9万元的首付撬动了30万元的房子；买第二套房子时，她连首付的钱都不够，但筹到钱后，她就拥有了100万元的房子。

我要提醒大家一点，杠杆的付款端比例越小越好。国内在最早的时候甚至出现过买房零首付的情况，可以说给了购房者100%的杠杆。后来，政府对房子首付的要求越来越严。一般来讲，首付在总房价的50%以下，杠杆效应还可以；首付若超过总房价的50%，杠杆效应就越来越小了；首付若超过总房价的70%，就不存在什么杠杆效应了。所以，首付也就成了政府调控房价的重要手段。

这也是人们现在为何强调买房子一定要珍惜自己的首套房贷资格。比如，某位年轻人的名字和父母的名字写在同一个房本下，若父母的房子有贷款，那么年轻人购房的首付比例就要提高了。

当然，每年的政策都会有变化，你只要记住一点——首付比例越小，杠杆效应越大。

2. 大胆地借“便宜”的钱

学会了使用杠杆，我们也要学会借“便宜”的钱。

小雯的第二套房借的就是“便宜”的钱。她借的是亲戚朋友的钱，大家没有向她收利息，只要到期归还就好。这是最好的。但在当下，亲戚朋友之间已经很少互相借钱了，因为大家都希望通过理财来赚钱。

我有一位朋友就想出了一个理财方案，以此来问亲戚朋友借钱时就非常有底气。

朋友的情况是这样的：她需要换房，已经看好了一套房子，要交首付。但她原有的房子还没卖出去，估计要1年的时间，而她急需一笔资金来周转，让她能交上首付。于是，她把借款变成了给借款人的理财方案：她把需要借的50万元拆成10份，每份5万元，每份按5%的年利率来付息，借期是1年，每半年付一次利息。

因为她工作稳定，而且亲戚朋友都知道她信用良好，于是纷纷“投入”这款理财产品，她也解了燃眉之急。半年后，她顺利把房子卖出，也有钱还给亲戚朋友了。

对了，小雯的第一套房是用公积金贷款买的。公积金贷款相当于在原来中国人民银行贷款基准利率4.9%的基础上打了6折，比商业贷款的利率低很多，所以我们能用公积金贷款的话，就尽量不要用商业贷款。

但是，买房使用公积金贷款，有时也不一定是最优选择。

比如，每人只能申请使用两次公积金贷款，并且公积金的可贷额度是根据公积金的月缴存额和余额来确定的。以广州在2020年的相关规定为例，个人的公积金可贷额度上限是60万元，家庭的公积金可贷额度上限是100万元。并且，一个人的工作年限越短，其公积金可贷额度就越低。以“95后”的小乔为例，她买了一套房价为200万元的房子，首付60万元，贷款140万元。因为她只工作了两年，所以公积金可贷额度只批准了37万元，剩余的103万元需要使用商业贷款。她计算了一下，如果这套房子想着5年后卖掉，那么单纯使用商业贷款的成本比使用公积金贷款加商业贷款的这种组合贷也就多了两三万元。于是，她放弃了使用公积金贷款，省下来一次使用机会，等自己以后要换大房子，她的公积金可贷额度有60万元时再使用。

再如，当你每月的公积金缴存额远远大于公积金还贷金额，不见得要用公积金贷款。如广州的政策，若用了公积金贷款，在贷款期间只能提取一次公积金余额，这样大量的缴存额会沉淀在公积金取不出来。若此时选择用商业贷款，就可每半年提取公积金余额，盘活这些原本沉淀的资金。

至于买房使用商业贷款时，每个银行的贷款利率不一样，一手房楼盘可能会指定贷款银行；购买二手房的话可多比较不同银行的贷款利率，找利率低的银行去办理贷款。提醒一下，买房时的贷款银行最好不要规模太小，我朋友之前就遇到这种情况：她想提前结清银行贷款的时候，小银行说已经不做房贷业务，不能马上接受她的提前还款申请，让她等了许久才批，她也因此错过了最好的卖房时期。

房贷是买房的重要组成部分，能借到“便宜”的钱自然是最好的，但也要多向过来人打听情况，自己尽量少走弯路。

以前的房贷利率是参照中国人民银行的贷款基准利率，从2005年到2019年都没变过，均为4.9%。但从2021年开始，房贷利率是按照LPR（贷款市场报价利率）加基点来计算，基点则是由各银行来确定。LPR由中国人民银行在每个月的20日发布一次，从2019年8月开始发布至今，它基本是在下行或不变。2020年8月20日公布的5年期LPR为4.65%。

借钱最好用在刀刃上。如果平时只是因为凑不够钱就去小贷平台借钱，虽然你能按时还款，但借的次数多了，到真的要贷款买房的时候，银行可能会因为你借钱的频率太高而拒绝放贷。我们可千万不要做这种捡了芝麻丢了西瓜的事情。

贷款的信用记录很重要，任何一笔借款都要三思而后行。

买房“三要素”

小影之所以敢搏一把，也是因为她熟知买房的“三要素”。

1. 看好时机和地段

很多人会说，房产在过去20年是收益增长最快的理财产品，基本上都能赚钱。实际上，投资房产并没有想象中这么简单，因为房价也会经历波动，只是它的趋势是整体上涨而已。我认识一位房地产公司的老板，他在房价上涨的时候囤地，等盖好楼后房价却下跌了，没等到房价上涨，公司的资金链就断了，他也破产了。

所以，买房也要看时机。比如小影买的3套房子基本是在房价相对低的时候入手的，第一套买于2003年，第二套买于2008年，第三套买于2015年。小影总结道，政府出台限购政策之时，也是买房的好时候。因为限购会限制大部分人买房，房价炒不上去，可只要哪天政策稍微一松，房价又会涨上去了。

现在，面对“房住不炒”的政策，普通人还适合大手笔投资房产吗？说实在的，房产的风口已经过了，如今买房要谨慎地选好地段。即使在一线城市，也是地段决定一切。买房的时候，我们要问问自己：“这个地段的房子卖给下家时会有人接手吗？”若答案是肯定的，那就可以买。

2. 优选一线城市

有一段时间，我身边不少朋友回老家买房了，因为老家的房子便宜。他们想着，既然错过了一线城市的房子，就不能再错过四五线城市的房子了。可没想到，老家的房价现在不涨反跌，而当时咬咬牙在一线城市买房的朋友，现在的房子都有不错的涨幅。就如小影换的第三套房，从600万元涨到了1 000万元，妥妥地上涨60%以上。

当然，房价已经过了全国普涨的时期了。目前，热门城市的房价在上涨，而冷门城市的房子却少有人问津。所以，可以买的话，我们应优选一线城市的房产，因为一线城市的工作机会多，教育资源和医疗资源都比较好，人才也会往这些城市集中。例如深圳在2015年到2018年的常住人口增加了200多万，这就使得房价飙升。

3. 优选人口净流入城市

大家都知道要去一线城市买房，但如果手里的钱不够多，或者也没生活在一线城市，该如何选择呢？那就找人口净流入城市。除了一线城市，二三线城市也大多属于人口净流入地区，至于四五六线城市或县城，我们大可不必考虑。人在哪儿，钱就在哪儿。

中国社会科学院于2019年发布的《人口与劳动绿皮书：中国人口与劳动问题报告No.19》显示，2028年的总人口将迎来拐点，房地产总体需求或将有所降低。之前有读者问我："是买二三线城市一套100平方米的房子，还是回老家买栋别墅？"我给出的回答是："老家是人口净流出城市吗？是的话，就不要买，即使是别墅，也不要买！"

目前，我国的城镇化率已经超过60%。也就是说，以后农村人口向四五六线城市或县城迁移的数量会减少，这些地方的房子有可能出现大量空置。所以，人口净流出城市的房产不能买，除非是刚需。

怎么知道自己所在的城市是人口净流出还是人口净流入类型呢？可以看各地统计部门的数据。2016年至2019年的统计数据显示，深圳、广州和杭州的净流入人口遥遥领先，全部破百万，而西安、重庆、长沙、佛山、宁波、成都、郑州分别位列4～10位，净流入人口达六七十万。

此外，我们还可以参考教育指标和医疗指标，来判断哪个城市更好。从教育指标来看，截至2019年底，全国共有1 265所本科院校、1 423所高职（专科）院校，其中教育大城有北京、武汉、西安、上海、广州、南京。从医疗指标来看，全国三甲医院仅有1 516家，拥有三甲医院最多的城市是北京、广州、上海、天津、重庆、武汉、西安和深圳。

人生中的第一只股票

股市，我一直在奉劝小白不要碰，但它毕竟是资本市场的重要组成部分，也是理财工具的一种，若能玩得转，收益便会很不错；但若玩不转，也能让人哭得天昏地暗。

买股票和买基金是一样的，你要明白买它的原因是什么。我的一位老股民朋友就很明白。他信奉价值投资，只投资蓝筹股、绩优股，不投资题材股，所买股票基本是长线持有。比如，他从2009年前后开始陆续持有中国平安、五粮液的股票，到2020年算起来有11年了。那这11年间，他的收益是多少？若不计算持股期间的分红派息，他在2009年以28元买入五粮液股票，在2020年5月以153元卖出，赚了4.46倍。而他同样在2009年以29元买入中国平安股票，以2020年9月其股价为80元计算，浮盈为1.76倍。

现在来看，持有这些股票能大赚一笔，但如果是你，你能持有这么久吗？

五粮液股票在朋友买入后的2014年跌幅将近50%，但他坚信五粮液是一只有业绩支撑的好股票，所以他未曾动摇、坚定持有，终于在2020年等到了五粮液股票最好的时候。他离场后，五粮液股价继续上涨，距离他的离场价又上涨了59%。

朋友说他并不后悔，因为他赚的是盈利增长的钱，之后这段是估值增长的钱，他看不懂，赚不到也正常。人只能赚自己认知能力以内的钱，否则靠运气赚到的钱，很可能会亏回去。

就像2020年的股市行情，大家都说这一年是牛市，但期间也经历过3次高低起伏。如果你每次都在股市行情高涨的时候冲进去，若买了一只好股票，你还能等它再冲高；若买了一只估值已经很高的股票，估计你也就只能“站岗”，最后“割肉”离场。

比如王府井股票，其股价从2020年4月底的每股12.57元开始启动，一路上涨到7月初的每股79.19元，股价涨了约530%。若你在高点购买其股票，那么它的股价在9月初已经跌了36%。你在熊市中投资一只股票可能都不会亏这么多。这也印证了，牛市的赚钱速度快，亏钱速度也快。

挑选股票的方法

如果你真的想试试投资股票，如何挑选呢？有几种方法可供参考。

1. 跟着指数挑股票，比如看上证50指数、沪深300指数

上证50指数挑选了沪市中规模最大、流动性最好、最具代表性的50只股票组成的样本股；沪深300指数则挑选了沪市和深市中规模最大、流动性最好的300只股票。也就是说，这两个指数已经帮你选好了龙头公司，如贵州茅台、中国平安、招商银行等50只或300只股票，你再进行选择就相对轻松了。

这些指数的成分股会每半年定期调整一次。以上证50指数为例，它会根据股票的总市值、成交金额进行综合排序，取排名前50位的股票组成样本股。但这些股票的排名会不断变化，所以中证指数公司会每半年把股价落后于市场的公司挑出，再挑入股价表现更好的公司，这样就能使得指数的走势保持长期向上。

如何看上证50指数、沪深300指数的成分股呢？可以去中证指数公司的官网（csindex.com.cn）进行查询。

2. 看股票的分红情况

股票的分红主要看股息率，股息率等于每股股息除以当前股价。假设一家上市公司的股价是100元，每股每年平均挣10元，每股股息4元，那么这家公司的股息率是4%，即投资人每投资100元，每年可以拿到4元分红。

图4-3　中证红利股息率和10年期国债收益率对比图

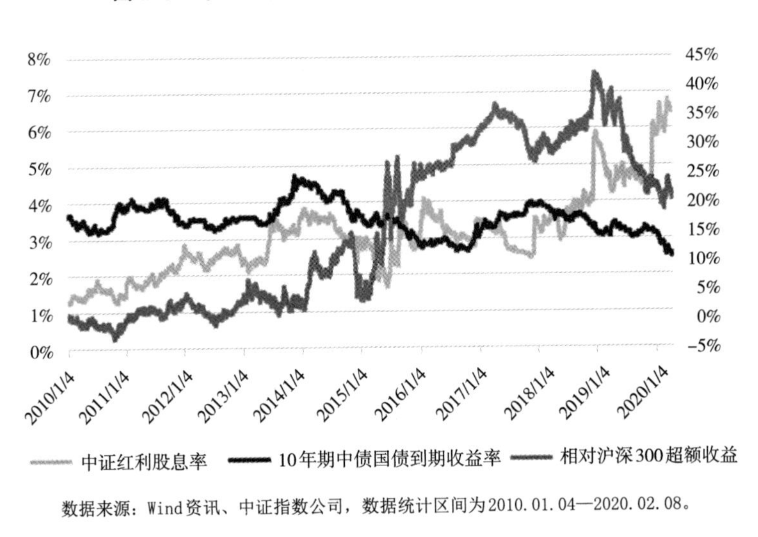

数据来源：Wind资讯、中证指数公司，数据统计区间为2010.01.04—2020.02.08。

拥有股票分红最大的好处是，它无须通过股票买卖也能带来收益。简单推算，如果你花10元买了一只股票，每年分红1元，股息率就是10%。10年之后，你就回本了，以后的分红就全部是利润，持有的股票更是相当于白赚了。一般来讲，如果上市公司的股息率高于10年期国债收益率（见图4–3），就有买入的价值。

这是因为10年期国债收益率代表着无风险收益率，当股息率大于无风险收益率时，投资者会更倾向于买入高股息股票。

统计数据显示，中证红利指数（股息率）在国债收益率较低的情况下，更容易获得较高的投资回报。比如格力电器在2015年的股息率一度达到了9%，备受保险资金的追捧。而回顾这10年，不考虑红利再投资，格力电器的年化股息收益率近14%，表现很不错。但挑选股票时也不能单看股息率，2015年至2020年，格力电器的股价最低时为15元左右，最高时为70元左右，期间经历过多次回调，波动也不小。

3. 看财务指标

除了看分红，我们还要分析这家公司的经营状况、未来前景等，看它是否值得投资。买股票其实就是把自己当成这家公司的股东那样去投资公司，只有抱着这样的心态，才能选到好公司。

指标1　净资产收益率（ROE）= 净利润 ÷ 净资产 × 100%

净资产收益率，也叫股东报酬率，是公司的净利润与股东权益的比值，代表着股东的投资收益。

注：净资产收益率在10% ~30%的公司，赢利能力更强。

指标2　毛利率=毛利 ÷ 销售收入 ×100%

如果这家公司的毛利率能持续、稳定地增长，说明这家公司有稳定、可增长的营收能力。

注：毛利率在3~5年内能持续、稳定增长的公司，赢利能力更强。

指标3　现金流

现金流是一家公司库存的、可直接支配的现金或存款，往往是一家公司经营现状最直接和最真实的数据反映。现金流决定着一家公司的兴衰存亡，是公司经营的“生命线”。

注：现金流在过往几年都为正数且稳定上升，说明公司的主营业务赢利能力强。

做生意有“不熟不做”的说法，投资股票也是这样。选股票的时候，你最好选择自己熟悉的行业去投资。比如你是从事信息技术行业的，你看好腾讯公司，那就不要在意别人在2004年腾讯上市时的质疑，“如果没有了QQ，腾讯还剩下什么”。

腾讯公司自2004年上市到2020年7月，其股价涨幅超740倍，这一涨幅超过了在2001年上市到2020年股价涨幅约400倍的贵州茅台、2000年上市到2020年股价涨幅约340倍的恒瑞医药。这就意味着，在2004年7月，你只要买入13.5万元的腾讯股票，如今你的身家就能达到1亿元。

股票市场永远不缺机会，所以你不要随随便便买入一只股票。你的钱都是辛苦赚回来的，随便买只会对不起自己的辛苦。

人生中的第一笔年终奖

你的第一笔年终奖花在哪里了？

除了可以犒劳一下自己，收到年终奖时也是最好的理财时机。因为年终奖是一次性发放的，金额比较大，“聚沙成塔”的理财效果会更明显。但在使用年终奖进行理财之前，你最好先把自身的债务还完。

虽然之前说过要尽量少还款，多攒点钱来理财，但若借款的利率比较高，那我更建议大家用年终奖一次性还清借款，比如信用卡分期账单、小额贷款等。因为这些借款的年利率基本在18%左右，这么高的利率，理财都很难达到，所以还不如先把借款还清，做到不欠款。

年终奖理财会有点特殊，因为收到年终奖时一般是在临近过年，也是全年在人情花费上用得最多的时候，所以我们可以把这项支出单列出来。于是，年终奖理财可分为3个账户——过年账户、心愿账户、钱生钱账户。过年账户是过年要用的钱，比如给父母包红包、置办年货、人情花费、犒劳自己的礼物等。心愿账户是来年要支出的钱，比如用于自我增值的学习，或者买房、买车。钱生钱账户是用来长期投资的钱，一般是两到三年不会用到的钱。

针对这3个账户的不同属性，我们可分别配置不同的理财产品。

过年账户就可以放在货币基金中，因为临时存取很方便。不过有一点要注意，货币基金的取用额度在1万元以内可当天到账，超过1万元就要隔天到账。所以，如果是取用大额资金，你要算好提取时间，不然便错过了最需用钱的时间。

心愿账户不能有亏损，而且会很快就用到，可考虑与资金使用时间匹配的理财产品，比如银行推出的1个月、3个月或6个月的短期理财产品，或基金公司的债券基金（短债基金）。这些产品一般是投向货币市场或者债券市场，属于低风险产品，但收益率又略高于货币基金。

钱生钱账户是闲钱，可考虑定投宽基指数基金，但不宜把所有的闲钱一次性投进去。比如你有10万元闲钱，最好先建底仓，然后分批定投基金。

定投的原理是摊低成本，因为你不知道自己买入的时候价格是否是最低的，只能通过定投来实现最低的成本。有10万元闲钱时可以先建2万元的底仓，剩下的8万元可以分成10次定投，每次8 000元，每周投一次，两个多月投完。投完之后，你也不要停止，可以继续用工资的结余来定投。

5 投资中的“薅羊毛”

当深入了解投资后，你就会发现，有些钱是可以稳稳地赚的。赚这样的钱，我们称之为“薅羊毛”。“薅羊毛”的底层逻辑包括“抽奖”模式、利用时间差，以及利用交易模式不同等带来的获利空间。下面我将介绍几种“薅羊毛”的主要手段：可转债打新、新股打新、国债逆回购、银行智能存款、买最划算的国债等。

其中，可转债打新和新股打新属于“抽奖”模式，你如果被抽中了，就能赚到小到可以买鸡腿、大到可以算一笔年终奖的钱。它们都与股市相关，特别适合在股市行情好的时候“薅”。若股市行情不好，你就要选择优质的公司，否则抽中不好的公司，你也有可能因此亏钱，从“薅羊毛”变成“被割韭菜”。

国债逆回购、信用卡的免息还款是利用时间差，在短时间内赚取最大利润。

银行智能存款和购买最划算的国债是充分利用不同的交易模式，找到最优购买方式，以获取最高回报。

可转债打新：平均日赚超10%

要了解可转债打新，我们先要了解什么是可转债。

可转债的全称是可转换债券，本质上属于债券的一种，作为上市公司向我们借钱的凭证。我们可以选择持有可转债到期，然后上市公司会还本付息；也可以选择在特定时间、按特定条件把它转换为普通股票，上市后可自由交易。

可转债具有“上不封顶，下可保底”的特点，非常有趣。如果你是为了“下可保底”，想着拿利息，那么买可转债并不划算，还不如把钱存进银行。比如，2019年10月28日，浦发银行发行了可转债，面值100元，期限为6年，公告票面年利率是：第一年0.2%、第二年0.8%、第三年1.5%、第四年2.1%、第五年3.2%、第六年4.0%。每年付息一次，到期后归还本金和最后一年的利息。算下来，它的年化收益率并不高，还要搭上6年这么大的时间成本。投资可转债，我们更看中它“上不封顶”的特点。

以2020年被热炒的蓝帆转债和东财转2为例，蓝帆转债上市后最高价达到218元，东财转2上市后最高价也曾达到224元，相比于一开始的发行价100元，它们都实现了价值翻倍。

但要注意的是，可转债下跌起来也很凶猛。可转债交易不设涨跌幅限制，实行T+0交易。所以对小白来说，投资可转债的风险很高。2020年9月，蓝帆转债的最低价是124元，若你在其最高点218元买入，跌幅将高达43%。

所以，这些都不是我们要“薅”的羊毛，我们要“薅”的是基本无风险的可转债打新（也叫新债打新）。

可转债打新，指的是申购上市公司发行的可转债。因为申购的数量多于发行的数量，所以发行人会进行类似抽签的方式来确定申购者。中签者就可申购可转债，抽中即赚到。在股市行情好的时候，可转债打新的收益率一般在10%~30%。

可转债打新基本是零门槛的，只要你有股票账户，即使无市值、无资金，也可申购。中签者才需要把钱转到股票账户；没中签者不需要转钱，但可顶格申购100万元。

很多人不敢顶格申购，怕自己万一中签了100万元，没这么多钱怎么办？出现这个问题的可能性几乎为零。

可转债的中签率相当低，一般是0.01%～0.1%，拥有0.09%的中签率都算高了，即1万个配号有9个能中签。还有些热门的可转债，10万个配号才有2个能中签，而且多数是中1手，能中2手的是少数。

正因为可转债的中签率如此低，所以我们一定要顶格申购，这样才有中1手的可能。这里的“中1手”是沪市的叫法，深市的叫法是“张”，1手等于10张。如果顶格申购，沪市可申购的数量是1 000手，深市可申购的数量是10 000张，但配号统一为1 000个。

中1手即中了10张，1张对应面值100元，10张即1 000元。也就是说，如果你中了1手，就需往股票账户转1 000元；如果中了2手就需转2 000元，系统会自动扣钱，代表申购成功（有些证券公司可能会提前收手续费，可多存5元到账户）。

申购成功后，你要做的就是等待可转债上市，然后在其上市首日卖掉。那么，上市首日卖掉的可转债的收益有多少？

从2020年来看，可转债上市首日平均涨幅为13%，最高为60%，即中1手当天卖出，平均可赚130元，最多可赚600元。蓝帆转债上市首日就一度涨了60%，当天卖掉1手可净赚600元，可以说它从原来的鸡腿肉变成了“大肉签”。

如果可转债在上市首日出现停牌，交易不了了，怎么办？莫慌，这是熔断机制导致的。

对可转债出现的涨跌幅，根据2020年11月的最新规定，熔断机制规则大致如下：交易日9：30开盘后，可转债交易价格涨跌幅达到20%，停牌30分钟；涨跌幅达到30%，停牌至14：57，即在15：00收盘前只有3分钟的时间可交易。

触发熔断机制，意味着可转债的价格涨了20%或30%，就要恭喜你赚了200元或300元。反之，你也可能赔了200元或300元。不过，可转债价格下跌触发熔断机制的情况一般发生在股市行情很差的时候。若是在股市行情不好的时候，你不去进行可转债打新，就不会遇上这种情况了。

可转债如何能够在上市首日卖出最高价呢？试试我总结的方法——回落卖出策略，即上市首日9：30开盘后，当可转债价格上涨趋势变弱，回落到一定幅度后就迅速卖出。比如2020年7月13日上市的歌尔转债上涨至172元后，转为下跌趋势就立即卖掉，而172元也成为当日最高价。

若是一开盘，可转债就呈现下跌趋势，你要果断卖出保住收益；若是开盘之后，可转债涨势迅猛，你可以先不卖出，看能否涨停。若它真的涨停，不要在涨停期间挂单，一是在复牌后，你有可能错过它继续上涨的空间；二是若复牌后价格迅速下跌，原来挂单价格过高容易导致交易失败。那你还得撤单后重新挂单，实在是浪费时间。正确的做法是，等复牌之后，你再按照回落卖出策略进行操作。

若是可转债在上市当天破发，该怎么办？破发，即上市价跌破发行价，导致亏损产生。相关统计数据显示，在2019年发行的128只可转债中，有30%的可转债在上市当天出现了破发。遇到这种情况，如果你不在意时间成本，可考虑拿着不卖。一是因为它可能在未来涨回来；二是因为可转债有债券属性，如果你一直持有，每年都能获得部分利息，可以到期再收回本金。

虽然赚得不多，但不至于亏本。

如果你在意时间成本，那我的建议是，无论是赚钱还是亏钱，你都要在可转债上市首日卖出，所谓“无脑打新”。因为我们赚的是打新概率的钱，只要赚的所有钱多于亏的钱，总体收益是正数，就算是“薅”到羊毛了。

我要特别提醒一下，股市处于熊市时不适合“无脑打新”，因为亏钱的概率会大于赚钱的概率，没必要参与。

如果不想“无脑打新”，想要提高可转债打新的赚钱概率，有方法吗？那就要求我们学会看转股价值、转股溢价率。

转股价值=100÷转股价×正股价

转股价是在可转债的发行合同中早已约定好的，而正股价在未来会变成什么样是不确定的。一般来说，转股价值越高，等可转债上市后卖出，我们越能获得更多收益；转股价值越低，可转债上市后的破发概率就会越大（但不代表可转债一定会破发）。比如2020年上市的本钢转债，打新当天的转股价值为63元，这是较低的价值。虽然它在上市首日收盘没破发，但期间破发了。因此，我们可用转股价值来判断是否参与可转债打新。若转股价值低于90元，我们就要谨慎参与打新了。

另一个指标转股溢价率，则是用来评判可转债转换成股票是否划算（见表5-1）。

$$转股溢价率=（可转债价格 \div 转股价值-1）\times 100\%$$

表 5-1 可转债的转股溢价率

债券简称	正股简称	正股价（元）	转股价（元）	转股价值（元）	转股溢价率（%）
塞力转债	塞力医疗	14.29	16.98	84.16	15.62
齐翔转 2	齐翔腾达	8.84	8.22	107.54	2.84
文科转债	文科园林	4.92	5.37	91.62	6.42
精达转债	精达股份	3.69	3.75	98.40	9.31
广汇转债	广汇汽车	2.68	4.03	66.50	27.74

来源：东方财富网。

如表5–1中的实线框定区域，可转债溢价率为正数，说明可转债价格较转股价值要高，这时通常认为持有可转债更为划算，而转换成股票卖出则有可能亏损。同理，当溢价率为负数时，意味着可转债价格较转股价值要低，此时将可转债换成股票会更划算，或者买入可转债，再转股卖出，从中获利。

转股价值和转股溢价率都不需要自己进行计算，可进入东方财富网首页的“数据中心”，再点击“转债申购”，进入之后就能看到相关数据。

在了解了可转债打新原理的基础上，我们具体该如何申购呢？首先进入股票交易系统，一般在首页能看到“打新入口”（每个证券软件的设置不一样），进入“新债申购”，就能看到当天发行的新债。若当天有新债可申购，会显示名称；若无，就什么都不显示。申购的时候一定要顶格申购，如在深市，输入数量是1万张；如在沪市，输入数量是1 000手，点击“申购”，完成。

怎么知道自己是否中签？在申购的第三天就能知道，比如周一申购，周三能知道；周五申购，因为中间隔了周末，要下周的周二才能知道。如果中签，证券公司会以短信的形式通知你，或者在证券软件的“申购查询”中，我们也可以查到中签的情况。

可转债打新什么时候上市呢？可转债一般在中签后的两周到一个月内上市。在东方财富网的“转债申购”页面，我们可查看上市时间。中签当天下午4点前，你务必把钱存入股票账户，不存入的话会被视为放弃申购。弃购3次，你就会被拉入黑名单，半年内不能参与打新。

新股打新：最高日赚 44%

新股打新“薅”到的羊毛就更多了，中一只新股，平均能赚2万～3万元。但它的参与门槛比可转债打新要高，需要拥有1万元市值的股票。

有人说这还不简单吗？每个月定投的场内基金不就有1万元了吗？其实不然，场内基金不是股票，要买了真正的股票才算。新股打新的具体要求是：要在新股申购日减掉2天的基础上，再往前的20个交易日日均股票市值达到1万元。日均不是指要天天持有股票，符合以下3种情况都算达标。

第一种，在20个交易日里用20万元买过1只股票，并持有1天；

第二种，只买了1万元的股票，但一直持有了20个交易日；

第三种，今天持有3万元的股票，明天持有2 000元的股票，持有的股票市值每日不同，但20个交易日收盘后，股票市值加起来除以20最终达到1万元。

如果你想既能申购深市的新股，又能申购沪市的新股，那么你的股票市值必须在深市和沪市分别达到要求。否则，如果你只有深市的股票市值达标，就不能申购沪市的新股；如果你只有沪市的股票市值达标，也不能申购深市的新股。

满足了对股票市值的要求，我们就可以申购新股了。但还有一些新股，你有可能不能申购。为何？因为你只有开通了代码为300开头的创业板股票和代码为688开头的科创板股票的权限，才能申购它们的新股。

开通创业板股票和科创板股票的条件是：第一，股票账户开通时间必须在两年以上；第二，创业板要求股票账户有10万元的资金，放20天；科创板要求股票账户有50万元，也要放20天。新开户的小白就别想开通创业板股票和科创板股票的权限了，先等两年再说。

持有1万元市值可以认购多少新股呢？这要根据不同板块的规定来确定。在沪市主板，每持有1万元可申购一个申购单位，不足1万元不计入，每一个申购单位为1 000股，申购数量应当为1 000股及其整数倍；在科创板、深市主板、创业板，每持有5 000元可申购一个申购单位，不足5 000元不计入，每一个申购单位为500股。

若想提高中签率，就要多持有股票市值，如持有10万元市值，就可以申购1万股。资金量允许的话，最宜顶格申购，这样中签率更高。比如，面对在2020年3月上市的佳华科技，如果你的股票市值有5.5万元，你可顶格申购5 500股；面对在2020年3月上市的开普云，如果你的股票市值有4万元，则可顶格申购4 000股。

新股打新也是中签了才需要转钱，所以千万不要错过转钱时间。中签当天下午4点前必须转账，否则会被视为弃购，弃购3次者要停半年才能再申购。

按照规定，除了创业板和科创板，新股上市首日的最高涨幅为44%，最大跌幅为36%。2020年，新股上市首日基本都达到了最高涨幅，而且很多只股票在首日过后会继续涨停。

科创板和创业板的股票上市情况更刺激，前5个交易日没有涨跌幅限制，一天有200%涨幅的股票也不少见。2020年，在科创板靠中一签（500股）赚10万元的上市新股不在少数，还不断涌现出赚16万元、18万元、20万元的上市新股。

新股打新就不会出现破发的情况吗？也有可能。在股市处于熊市期间，新股出现破发的概率会大些。这时候，我们就要做好对个股的研究。不是所有新股都适合打新。一般业绩比较好、估值不太高的个股比较安全，即使破发了，未来随着行情的回升，大概率也是能涨回来的。

打新股比打新债多了一重风险，即打新股要有底仓，要配置股票。如果为了打新股而配置股票，那股票亏了，又没打中新股，岂不是不划算？这个担忧是对的，不懂股票的小白就没必要为了打新股而配置股票。股票市场起伏不定，除非你能承受风险，想博一下新股的高收益，才可一试。

如何配置底仓？选择分红高的上市公司比较稳妥，这样即使股价跌了，分红还能带来部分收益。如果想要长期持有，分红高的公司，股票一般也不会太差。

归根结底，“薅”新股的羊毛要想好底仓股票再下手。

国债逆回购：假期理财好工具

前面说的两种“薅羊毛”的手段都需要看运气，我接下来说的就不需要了。只要你有股票账户、有资金，就可以“薅”到无风险羊毛。

国债是国家发行的债券，被称为“金边债券”，基本上是零风险。国债逆回购指的是，别人用国债作为抵押来借钱，到期后还本付息，其回购主体是国债。简单来说就是，你作为出借方，把钱借给别人，别人以国债为抵押，到期后你可以获得利息。因此，进行国债逆回购交易的时候，操作页面一般显示为“借出资金下单”（卖出）。

国债逆回购平常的收益率不高，大多数时间是低于同期的银行定期存款的利率。但一到月末、季度末、年末等市场资金紧张时，它就会出现较高的收益率。

往年数据显示，在年末最后的几个交易日，国债逆回购的市值均有机会大幅飙升。2017年末，上交所7天国债逆回购品种的收益率一度飙升至15.50%，上交所1天国债逆回购品种的收益率更是飙升至24%。但近几年因为货币利率不断下行，市场的资金面不是太紧张，所以国债逆回购的升值空间维持在4%～5%就算不错了。

国债逆回购有起投门槛，深交所的门槛比较低，1 000元起投，上交所则是10万元起投。

国债借出的时间分为短周期和长周期，短周期是1～7天，长周期是14天、28天、91天和182天。

一般来说，我们看短周期的国债逆回购收益率即可，长周期的国债逆回购收益率变化不大，可以不看。短周期的国债逆回购收益率不错的具体品种如下：

上交所回购品种：

1天国债逆回购（GC001，代码204001）；

2天国债逆回购（GC002，代码204002）；

3天国债逆回购（GC003，代码204003）；

4天国债逆回购（GC004，代码204004）；

7天国债逆回购（GC007，代码204007）。

深交所回购品种：

1天国债逆回购（R-001，代码131810）；

2天国债逆回购（R-002，代码131811）；

3天国债逆回购（R-003，代码131800）；

4天国债逆回购（R-004，代码131809）；

7天国债逆回购（R-007，代码131801）。

上述代码中，“GC”代表沪市，“R”代表深市，“001”代表一天，“002”代表两天，以此类推。

国债逆回购除了适合在市场资金紧张的时候借出，还特别适合用于“假期理财”。因为节假日时股市、债市都停了，国债逆回购却可以在假期计息，这是其好处之一。

这与国债逆回购的计息规则有关。国债逆回购的计息天数为资金的实际占用天数，而资金的实际占用天数为资金的首次交易日到资金的到期交收日之间的天数（算头不算尾）。

举个例子，如果你在周四进行1天国债逆回购交易，周五是资金的首次交易日，那么资金的到期交收日本来是周六，但因为周六是假期，不进行交收，所以会接着计息。加上周五，计息天数一共有3天。但若你是周五进行1天国债逆回购交易，因为周六不交易，周一才能确认为首次交易日，周二为到期交收日，所以计息天数为1天。如果正好碰上节假日，你在周四进行1天国债逆回购交易，从周六开始有5天假期，那你的计息天数就有6天。

若你实在搞不懂怎么计算，国债逆回购的购买页面（见图5-1）会帮你计算好，帮你省去麻烦。

国债逆回购能赚多少呢？以借出1万元的7天国债逆回购品种为例，若收益率为7.18%，计算方式如下：

收益=10 000 × 7.18% ÷ 360 × 7 ≈ 13.96元

佣金=10 000 × 0.00005=0.5元

回款=10 000+13.96-0.5=10 013.46元

1万元，到期赚了13.46元，如果是10万元，就会赚134.6元。这也并不是很多，但资金在假期本来是没利息可赚的，现在多了利息，岂不是算额外收入？

图5-1　国债逆回购的购买页面

来源：中信建投手机交易软件。

要注意一点，国债逆回购的资金回款分为可用回款和可取回款。可用回款指的是钱到了你的股票账户，你可以用来买卖股票或继续国债逆回购交易，但不能把钱取出来存到银行账户；可取回款指的是，你可以把钱取出来存到银行账户。

进行国债逆回购交易也讲究时机，上午的收益率一般要高些，下午则是接近尾盘时可能会冲高。国债逆回购的交易时间比股票交易时间长半小时，即下午3点半之前完成资金借出即可。

银行智能存款：无风险高息产品

无风险“薅羊毛”的对象还包括银行智能存款。

银行存款和银行智能存款有什么不一样呢？它们都是存款，但最大的不同是银行智能存款的利率高，这种产品刚出现的时候，随存随取的利率曾经达到了4.7%，即无论你是存1天、1个月、1年，还是3年，都是按照4.7%的利率计算利息。而且不需要你有1 000元或100元，50元也能买，简直就是高息存款。

注意，并不是每家银行都有智能存款，因为银行智能存款的诞生有它的特殊背景。银行智能存款最早是由民营银行提出来的。自2013年国务院常务会议首次提出“探索设立民营银行”以来，截至2020年，全国已有19家民营银行开业并运营。

银行做的是赚利息差的生意，这些民营银行没有名气，存款从哪里来呢？它们想到了一招——高息，于是银行智能存款应运而生。它有着比定期存款更高的利率，又能随时提取出来，而且提前取出来的钱的利率还不会比定期存款的利率少太多。

这可是储户们喜闻乐见的事情。

银行智能存款实际是定期存款，但兼具定期和活期功能。但是这种产品变相提高了银行的付息水平，因为普通定期存款提前支取利息只能算活期，而银行智能存款提前支取仍可按约定高息，或是靠档计息，这就会产生一定的风险。若这些银行哪一天付不起高息了，怎么办？于是，监管部门进行干预了。原来能随存随取且利率为4.7%的银行智能存款产品没有了，提前支取分档计息的银行智能存款产品也没有了。现在，银行智能存款基本是按期计息，提前支取只能按活期存款计息，降低了民营银行的风险（在未来，按期计息的产品大概率会停售）。

虽然是这样，但银行智能存款的利率仍然比传统的定期存款利率要高。现在，不仅是民营银行，就连地方商业银行都在推广智能存款。截至2020年8月，在售的银行智能存款的相关统计结果显示，5年期的银行智能存款利率最高为4.875%，1年期的银行智能存款利率最高为4.69%，6个月的利率最高为4.5%，7天的利率最高为3.8%。

各家银行的智能存款利率不一样，所以在购买之前我们要货比三家，还要看清楚合同条款，因为有些智能存款也有“坑”。

一是，如果银行智能存款提前支取，不仅利息按活期利率计算，而且之前发放的利息还要从本金中扣除，它会在条款上注明“之前逐月返还的利息会从本金中扣除”。如果你不确定自己是否能持有到期，就没必要买这类产品。

二是，银行智能存款只接受“全额提前支取”。如果在合同条款中有这一条，那你在存款的时候要想好这笔钱是不是长期不会用到。如果想要提取，你只能全部提取出来，高息也就没了。

三是，银行智能存款的首个计息周期会冻结资金，无法提前支取。有些银行智能存款虽然说可提前支取，但在提取条款中会注明提取的时间，比如要满第一个计息周期后才可提前支取，等于变相冻结了资金。

开展智能存款业务的大多是小银行，万一它们倒闭了，怎么办？这种情况，监管部门已帮你想好了应对措施。自2015年开始实施的《存款保险条例》就是为了应对银行破产等情况而诞生的。

存款保险制度，是指银行作为投保人需按一定存款比例缴纳保险费，建立存款保险基金，当银行发生经营危机或面临破产倒闭时，存款保险机构将依照规定向其提供财务救助。

《存款保险条例》第五条规定：存款保险实行限额偿付，最高偿付限额为人民币50万元。具体解释为：同一存款人在同一家投保机构所有被保险存款账户的存款本金和利息合并计算的资金数额在最高偿付限额以内的，实行全额偿付；超出最高偿付限额的部分，依法从投保机构清算财产中受偿。简而言之，只要你在同一家银行的存款本金和利息不超过50万元，你就可以获得全额赔偿。

中国人民银行还表示，存款保险制度不仅覆盖银行，农村商业银行、农村信用社等所有存款类金融机构都适用于这项制度。

这下我们大可放心了，但如何确定我们购买的是不是存款产品呢？在购买的时候，我们要认真看产品详情页是否写着“银行存款产品”，如果写了，它就受《存款保险条例》的保护；如果没写，它就有可能是银行的理财产品，是没有本金保障的。

智能存款产品一般在各民营银行的手机客户端或官方微信上可买到。这种产品原来在第三方互联网平台也能买到，现在基本被叫停了。

这种银行智能存款也有弊端，即不能按同一利率不停地存钱，投资者每次都要抢购（比如这次抢到了7天的银行智能存款，下次有可能抢不到），不太利于资金安排。

国债：这样买最划算

买国债，是一种被不少投资者忽略的理财方式。这可能是因为在大家的印象中，国债一般是大爷、大妈才会去买的，不适合年轻人。

然而，银行年利率在这几年不断下调，再加上其他投资渠道如股票、基金等回报又不是很稳定，追求稳定收益的投资者纷纷把目光转向了国债。

2020年9月发行的储蓄国债3年期票面年利率为3.8%，5年期票面年利率为3.97%。这比不少银行普通3年期的定期存款年利率要高，此时购买国债，获得的利息要多些。

不过，与银行大额存单的利率相比，储蓄国债的利率优势不大，有些银行的大额存单的5年期年利率可超4%。但大额存单一般要求存入资金在20万元以上，并且不是你想买就能买的，要看银行的发行情况。而国债只需要100元即可参与购买，比较适合大多数人。

国债是国家向社会筹集资金而发行的，到期还本付息，所以它最大的特点是：有国家信用背书。国债基本无风险，收益稳定，还免利息税，鼓励投资人持有到期。

国债主要分为两大类，即储蓄国债和记账式国债。储蓄国债有电子凭证或者纸质凭证，只能在发行期认购，不可以上市流通，但可以提前赎回，施行分段计息。另外，如果缺钱，可将其作为质押物，到原购买银行申请质押贷款。记账式国债以无纸化形式发行，在发行期认购之后可上市交易，可在二级市场上进行买卖，计息方式也与储蓄国债不同。

储蓄国债

储蓄国债按记录方式的不同，分为凭证式国债和电子式国债。凭证式国债只能去银行柜台购买，电子式国债则可以在网上银行和银行柜台购买，需开设个人国债账户。二者的特点不同，简单对比如表5-2所示。

表5-2 凭证式国债与电子式国债的对比

	凭证式国债	电子式国债
认购手续	现金或银行存款直接购买	需开立个人国债账户并指定对应的资金账户，使用资金账户中的存款购买
购买情况记录方式	以“中华人民共和国储蓄国债（凭证式）收款凭证”记录购买情况	以“电子记账方式”记录购买情况
起息日	购买当日起息	发行期首日起息
付息周期和方式	到期一次性还本付息	按年付息，到期还本并支付最后一年利息
到期兑付方式	须前往柜台办理兑付（签立约定转存协议的除外）	本息资金按时自动划入投资者资金账户，无须前往柜台办理
购买渠道	承销团成员银行柜台	承销团成员银行柜台或获得资格的网上银行

来源：《金融知识普及读本》。

二者的利率是相同的，但付息方式不一样。凭证式国债是到期后一次性还本付息，电子式国债是每年付息一次。二者相比，购买电子式国债可以实现复利。如何操作呢？比如你在4月10日买入5年期电子式国债，第二年的4月9日会第一次付息，利息到账后，你可以在4月10日继续购买新的电子式国债。如此滚动，你就可享受到复利（见表5-3）。如果国家当年没有发行电子式国债，你也可以买入其他低风险的理财产品，实现复利。

表5-3　滚动购买电子式国债

（单位：元）

	本金	利息				
		第一年	第二年	第三年	第四年	第五年
	10 000.00	427.00	427.00	427.00	427.00	427.00
使用第一年利息继续购买	400.00		17.08	17.08	17.08	17.08
使用第二年利息继续购买	400.00			17.08	17.08	17.08
使用第三年利息继续购买	400.00				17.08	17.08
使用第四年利息继续购买	400.00					17.08
					电子式国债总利息	2 305.80
					凭证式国债总利息	2 135.00

备注：电子式国债以100元为购买单位，所以表5-3中的利息以400元来计算。

储蓄国债可以提前赎回，一定要赎回的话，最好是半年后。因为如果半年内赎回，不仅没有利息，还要支付赎回手续费。若是半年后赎回，虽然也有手续费，但起码有利息。

这里我要提醒大家一点：凭证式国债和电子式国债提前赎回对应的利率不一样。若要提前赎回，我们要计算好哪个收益更高，以此来决定买凭证式国债还是电子式国债。

以2019年发行的储蓄国债为例，当时3年期的票面年利率为4%，5年期的票面年利率为4.27%。若提前支取，凭证式国债和电子式国债的利息对比见表5-4。

表5-4　凭证式国债和电子式国债提前支取的利息对比*

<table>
<tr><th>国债持有时间（T）</th><th>凭证式国债</th><th>电子式国债</th></tr>
<tr><td>T ＜ 6 个月</td><td>不计利息</td><td>不计利息</td></tr>
<tr><td>6 个月≤ T＜ 12 个月</td><td>0.74%</td><td rowspan="2">按票面年利率计息并扣除 180 天利息</td></tr>
<tr><td>12 个月≤ T＜ 24 个月</td><td>2.47%</td></tr>
<tr><td>24 个月≤ T＜ 36 个月</td><td>3.49%</td><td>按票面年利率计息并扣除 90 天利息</td></tr>
<tr><td>36 个月≤ T＜ 48 个月</td><td>3.91%</td><td rowspan="2">按票面年利率计息并扣除 60 天利息</td></tr>
<tr><td>48 个月≤ T＜ 60 个月</td><td>4.05%</td></tr>
</table>

从表5-4中可见，若买入1万元的3年期国债，持有两年后提前赎回，电子式国债提前支取的利息是700元，凭证式国债提前支取的利息是698元，电子式国债略高于凭证式国债，但凭证式国债提前支取计息利率会变的，最好每次计算好了再决定买哪种。

记账式国债

和储蓄国债的年利率相比，记账式国债的年利率会低不少。比如2020年记账式抗疫特别国债5年期的票面年利率为

* 根据公开数据整理，不同期的凭证式国债提前支取时利率会有所不同，以官方公告为准。国债持有时间为36~60个月的情况仅适用于5年期国债。

2.41%，7年期的票面年利率为2.71%，10年期的票面年利率为2.77%。

记账式国债的好处在于上市之后可以交易，价格可高可低。如果国债上市后价格高了，你可以卖了赚差价；若价格低了，你可以持有到期拿利息。

举个例子，你用100元买入5年期记账式国债（票面年利率为2.41%）90天后，国债上市后的价格升至102元，卖出收益为：100×2.41%×90÷360+（102−100）=2.6元。

我们可以换算一下其年化收益率为：2.6÷100÷90×360×100%=10.4%。这不仅比储蓄国债的年利率高不少，还好过不少理财产品。

记账式国债上市后的价格不一定会上涨，也有可能会下跌。如果国债上市后的价格一直低于买入价，那么你可持有到期，获得最基本的债券利息。

目前，投资者只能通过银行买入记账式国债，并且买之前要在银行开通国债专用账户。等记账式国债上市后，投资者则可以在银行或证券账户进行买卖。

为了“薅”到这个羊毛，最稳妥的方式是在其发行的时候认购记账式国债，否则你在二级市场以高价买入的话，如果其升值空间有限，你只能低价卖出，就会产生亏损。

信用卡的“免息羊毛”

你购物时，付款方式是选择储蓄卡、信用卡，还是花呗呢？我的建议是可优先考虑使用信用卡或花呗付款。为什么呢？因为我们可以用上信用卡和花呗的“薅羊毛”功能。

为了鼓励你刷卡消费，信用卡和花呗是有免息还款期的，从记账日到还款日之间的时间为免息还款期。花呗的免息还款期大概为40天，信用卡的免息还款期最长可以有56天，都快到两个月了。

那怎么“薅”信用卡和花呗的羊毛呢？比如你发了工资之后，可以用工资买一个月或两个月的理财产品，然后这期间的消费都用信用卡或花呗支付。这样你就可以赚到理财的钱，到了信用卡或花呗的还款日再去还款。

如何获得最长的免息还款期？那要算好账单日。我们来具体演示一下。

表5-5是我的建设银行信用卡账单，每月21日是账单日，

每月10日是还款日。

表5-5 建设银行信用卡账单

应还款信息 Payment Information 如需通过网上银行还款，请点击进入。			
账单周期 Statement Cycle	2018/04/22-2018/05/21	**本期到期还款日** Payment Due Date	2018/06/10
账户币种 Currency	**本期全部应还款额** New Balance	**最低还款额** Min. Payment	**争议款/笔数** Dispute Amt/Nbr
人民币 （CNY）	1 934.24	200.00	

来源：建设银行。

具体来看我在4~5月的消费情况。如果我在5月21日刷卡消费1万元，正好纳入5月21日的账单日，还款日是6月10日，那么从5月21日到6月10日，这1万元只有21天的免息还款期。如果我在5月22日刷卡消费1万元，正好过了5月21日的账单日，进入了下一个账单日，即6月21日，此时还款日为7月10日，那么从5月22日到7月10日，我就有50天的免息还款期。整整多了29天的免息还款期啊，而我做的事，仅仅是推迟了1天消费。

在这50天的免息期里，我可以把自己原来的1万元拿去买理财产品。假设将这1万元投入年化收益率为3.54%的理财产品，在21天和50天的周期中，产生的收益约为20.65元和49.17

元。这简直可以说是典型的无本生利。

为了更好地"薅羊毛"，靠一张信用卡是不够的，我们要有两张信用卡，并设定不同的账单日。账单日是可以和银行协商的，打电话或者在此银行的信用卡客户端申请即可。账单日最好一个在月初，一个在月底。

比如我的两张信用卡，账单日一个在月初的5日，另一个在月底的21日。这样，5日之后到21日之前，我就会刷账单日在5日的信用卡，21日之后到下个月的5日之前，我就会刷账单日在21日的信用卡。这样，我每个月就依靠信用卡获得了现金流，并且两张信用卡都能享受到最长免息还款期，可以"薅"两次羊毛。

哪家银行的信用卡最长有56天的免息还款期？每个银行都有自己的规定，你在申办信用卡的时候最好问清楚。

6 这些理财的“坑”，我劝你不要踩

很多人以为有钱才要理财

身边有不少朋友总会跟我说，自己刚参加工作，自己是“月光族”，自己是全职太太……因为没有钱，所有没有办法理财。这是一个伪命题。不是有钱才需要理财，理财的观念要从有收入时就树立起来。

日本作家松浦弥太郎在《松浦弥太郎的人生信条》中说：“经常会有钱不够、时间不够的情况，但不把这样的话说出口。在忍不住要说的时候，强行咽回去。我觉得这些话无论如何都不该说出口。因为在有限的时间和金钱内推动事物的前进，是自己的责任。两者都不够的原因，说不定在于自己的生活态度。如果将其归咎为‘社会的错，世人的错’，那你永远都不会有够用的时间和金钱了。”所以，我们不要把“没有时间”“没有钱”挂在嘴边，而要将其换成“我有时间”“我能攒到钱”。

在自己的心里种下这个种子，它就会慢慢地生根发芽，最终你会变得既有钱又有时间。比如全职太太可以节省家用费，刚工作的年轻人可以减少点外卖的次数，“月光族”可以降低去某宝“剁手”的次数，说不定每月就能省下500元，一年就能省下6 000元。若再能实现8%的年化收益率，那一趟说走就走的旅行就能实现了。

听起来是不是很简单？钱，攒攒总会有的，就连没有收入的小学生也可以攒到钱。我就是这么鼓励儿子的，我曾经写过一封信给他。

六六：

那天我和你算了一下，“六六基金”现在有8 178.95元，其中2 473.87元放在了债券基金，其他放在了指数基金。

设立“六六基金”，为的是给你一种安全感。这样在你读大学的时候或出来工作的时候，你能有一笔钱在手，心里不慌。

我希望“六六基金”能不停地升值。我们来计算一下，取整8 200元，若你一直不动用“六六基金”，每年按8%的收益率滚动，那么你知道在自己读大学和工作的时候，它会增加到多少钱吗？

6年后，在你读大学的时候，它就会增加到1.3万多元！10年后，在你工作的时候，它会增加到约1.8万元！

这很厉害了，你一出来工作就有这么多钱。

而且你要知道，你在这10年间还可以拿“利是”（红包）。也就是说，你的本金会不断地增加。如果按照每年增加2 000元来计算，那么到你读大学和工作时又有多少钱呢？读大学时有约2.6万元，工作时有约4.5万元!

这就是延迟消费和理财给你带来的财富。

好好学习，好好理财，会让你终身受益!

妈妈

2020.6.5

他看完信后，再没提过要动用“六六基金”买玩具、零食了，甚至隔一段时间还会问一下账户的收益情况。

美国实业家约翰·D.洛克菲勒在给儿子的信中曾分享过这样几段话：

查尔斯先生告诉我们大家：“世界上有两种人永远不会富有：第一种是及时行乐者……他们是在寻找增加负债的方法，他们会成为可怜的车奴、房奴，而一旦破产，他们就完了！第二种是喜欢存钱的人。把钱存在银行里当然保险，但这跟把钱‘冷冻’起来没什么两样，要知道靠利息不能发财。

“但是，有一种人会成为富人，比如在座的诸位。我们不寻找花钱的方法，我们寻找、培养和管理各种投资的方法，因为我们知道财富可以拿来滋生更多的钱财。我们会把钱拿来投资，创造更多的财富。但我们还要知道，让每一分钱都能带来效益！这正如约翰一贯的经商原则——每一分钱都要让它物有所值！”

如果你要成为富有之人，就不要做只会花钱或只会把钱存到银行的人，而要做到“每一分钱都要让它物有所值”。这和《富爸爸穷爸爸》的作者罗伯特·清崎所倡导的“要把每一分钱当成可以为你24小时不间断工作的雇员”如出一辙。

我们要做的是，哪怕只有一分钱，也要利用起来。怎么利用呢？这时我们需要学会拥有富人思维。

富人思维最厉害的一招是厘清资产项和负债项，然后不断地增加资产项，减少负债项。

资产项是指能增值的资产，负债项是指消费了就没了的东西，或者要还债的资产。你觉得房产和汽车是资产项还是负债项？房产如果是使用抵押贷款购买的，则属于负债项，而汽车从一落地就开始贬值，也属于负债项。而能够产生收入的房产则是资产项，比如房子有租金收入，或者房子的价格在不断上涨。

综合来看，资产项指的是能产生收入的房产、国债、基金、股票和股权等，负债项指的是消费贷款、抵押贷款、汽车、家电、服饰等。

很多人说没钱理财，这是因为他们走不出负债项。

一个在美国生活的朋友说过，美国人很喜欢提前消费，要求“即时满足”。不少美国贫民窟的家庭都到了要领救济金的地步，他们的孩子还会穿着很贵的耐克、阿迪达斯等球鞋。那是因为他们的父母一拿到工资就会满足孩子的“即时需求”。其实，这些家庭应该让孩子学会延迟满足，等家里有结余了再去买鞋。

这个朋友感慨地说："为什么贫民窟的孩子一般很难走出贫民阶层，这和他们的消费观念有莫大关系。他们花钱的速度抵不上赚钱的速度，所以只能一直领救济金。"

有时候，改变一下消费思路，我们就会发现攒钱并不难。我们应该减少冲动消费，学会延迟满足，每个月攒点钱，等攒够了再买想要的东西。我的一个朋友按照这种方法试了几个月后，发现真的很有用。她现在基本不会冲动消费，每天看着账户的资金不断增加，甚是开心。

在这个世界上，理财绝对不是有钱人才做的事。有些人继承了几千万元，也能花光败尽；有些人则靠理财，也实现了财务自由。

当你开始理财的时候，你就会看到很多有关理财的信息，这就是吸引力法则。当你为了完成某个目标而努力实践时，甚至整个宇宙的力量都会配合你。当你努力让自己变得更好时，很多人都会愿意帮助你。

很多人不知道投资基金有风险

我身边有太多朋友不知道投资基金有高风险，他们以为投资基金的风险比投资股市小，不论怎么投资都不会亏太多。碰到股市行情好的时候，他们会赚一些钱；一旦遇到股市“变脸”，他们就会亏钱了。

我的朋友小南买了20多只股票基金，很多是长期持有的。我每次问她基金的收益情况，她都说没怎么赚钱。待仔细了解后我才发现，她基本是在股市处于高位的时候买入这些基金的，而且她特别喜欢买新发基金。她说这些基金大多是银行经理推荐的，而且过往业绩真的很吸引人，往年的年化收益率在百分之四五十，甚至是更高，于是她就买了。

可是，买入这些基金后，股市开始下跌，小南的基金也跟着跌。基金跌的时候，她既不补仓，也不定投，她说：“我怎么知道它是不是无底洞？”有些基金在股市行情好的时候能涨回来，而有些基金一直亏着。涨回来的基金有些也不错，收益率有百分之四五十，但她未能坚持长期持有，通常在收益率达到百分之十几的时候就赶紧卖了。对于收益率一直为负的基金，她却一直留着，她说："只要我不卖，就不算真正亏损，万一有一天它涨回来了呢？"

小南投资基金有5个误区。

第一个误区是，基金买入的点位太高，很难在短时间内赢利。

Wind资讯数据显示，测算在上证指数处于4 000点以上（股市高位）的任意一日买入股票基金，一直持有到第7年都是亏损状态，直到持有到第8年，投资收益才会翻红（见图6–1）。

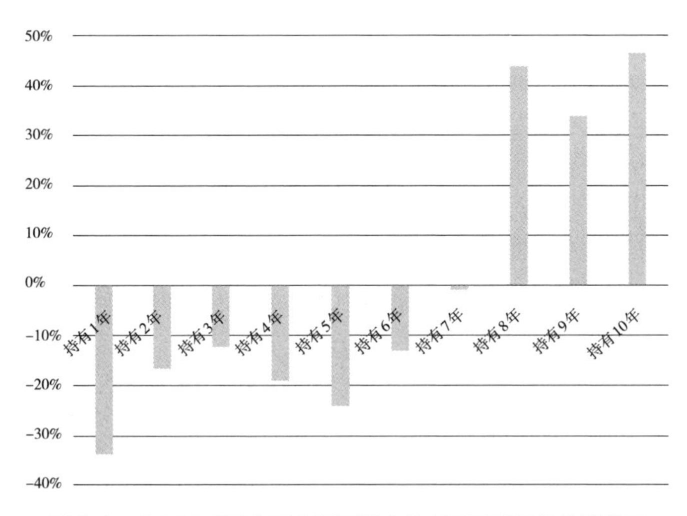

图6-1　4 000点以上买入股票基金持有不同期限的收益情况

来源：Wind资讯、中欧基金，数据截至2020年4月17日。

图6–1告诉我们，买入基金的时机太重要了，千万不要在股市火热、大家热情高涨的时候去追涨基金。从历史经验来看，上证指数趋近4 000点是相对危险的时刻，投资者切勿盲目追涨入市，容易被套。

相反，在股市低迷、大家普遍绝望的时候，我们应潜伏进去，此时购买基金，以后想不赚钱都难。

万一你在股市处于高位时买入了基金，也不要不管不问，最好的方法是采用定投，越跌越买，这样回本的时间会缩短很多。

Wind资讯数据显示，以2008年至2020年9月为例，一次性买入股票基金总指数要84个月才能回本；若收益亏损10%之后终止按月定投，34个月便能回本；若一直坚持按月定投，16个月就能回本了（见表6–1）。

表6-1　基金亏损后停止扣款与坚持定投

投资方式	首次回本历时（月）	至今最大亏损（%）
收益≤ -10% 即终止定投	34	-48.26
收益≤ -20% 即终止定投	19	-43.33
收益≤ -30% 即终止定投	18	-33.55
坚持定投	16	-33.55
一次性投资	84	-54.04

第二个误区是，盲目地长期持有。

小南觉得只要自己长期持有基金，收益总会涨回来的，然而她手上有一两只基金持有5年以上了，还没回本。

其实，基金也适用于“弱者恒弱，强者不恒强”这句话。Wind资讯数据显示，在2017年至2020年9月的偏股混合基金中，2017年度业绩垫底的10只基金在2018年度有8只表现较差，在2019年度有7只仍处于同类基金排名的后1/2，而到2020年9月，这10只基金中仍有5只为负收益（见表6–2）。

表6-2　业绩垫底基金的后续表现

基金2017年业绩（%）	2017年同类排名	基金2018年业绩（%）	2018年同类排名	基金2019年业绩（%）	2019年同类排名	2017年至今业绩（%）
-28.09	508/508	-12.55	33/575	45.27	326/719	16.23
-27.05	507/508	-33.62	527/575	41.09	409/719	-12.96
-25.13	506/508	-29.13	440/575	48.92	273/719	-9.45
-25.09	505/508	-37.36	558/575	40.35	423/719	-22.19
-24.20	504/508	-28.03	419/575	39.29	454/719	3.59
-21.52	503/508	-32.30	504/575	62.12	101/719	12.88
-21.15	502/508	-32.27	502/575	37.67	475/719	-0.96
-20.67	501/508	-9.65	17/575	41.58	396/719	-51.60
-18.42	500/508	-30.19	460/575	25.72	647/719	-4.21
-16.64	499/508	-29.86	456/575	40.79	415/719	6.63

来源：Wind资讯，资料统计至2020年9月。

也就是说，如果你一直持有那些业绩垫底的10只基金，很难赢利。这时候你应该认栽——自己买到了较差的基金。长期持有这种基金的意义不大，你要学会及时止损。

如果我们在买入基金的时候进行过比较，知道自己买的是什么样的基金，那基本不会发生这种情况。

差基金不适合长期持有，而好基金需要我们能拿得住。投资基金最忌讳频繁交易，比如见到它亏了就卖掉，见到它涨一点也卖掉。如果你持有的是好基金，那么在经历了熊市后，它总能翻红，而频繁交易只会让你总是处于亏损状态。

比如富国天惠成长混合基金的掌舵人朱少醒，他经历过4轮牛熊市场的考验，管理该基金已超15年，成立以来的投资收益率在2020年为1 817.64%，远超过同期沪深300指数基金445.07%的涨幅。

图6-2　富国天惠成长混合基金与同类平均的对比

来源：天天基金网，数据统计时间为2015—2019年。

但是，富国天惠成长混合基金的收益率并不是一直这么高的，在市场行情不好的时候，它也会跑输于平均收益率。根据天天基金网的数据，在2016年，它的份额净值增长率为−15.28%，同期业绩比较基准收益率约为−7.23%；2018年，它的份额净值增长率约为−26.96%，同期业绩比较基准收益率约为−13.93%（见图6-2）。如果你不幸在2015年和2017年的高点买入这只基金，那么第二年你肯定会非常难受。但你如果能一直坚持定投，到现在就能实现翻倍的收益了。

然而，很多人都拿不住好基金。中国证券投资基金业协会在2018年的数据显示，能持有3～5年和5年以上的“基民”比例仅为11.6%和8.0%，近50%的“基民”持有时间在1年以下（见图6-3）。这就造成了虽然基金是赚钱的，但很多“基民”在亏钱的局面。

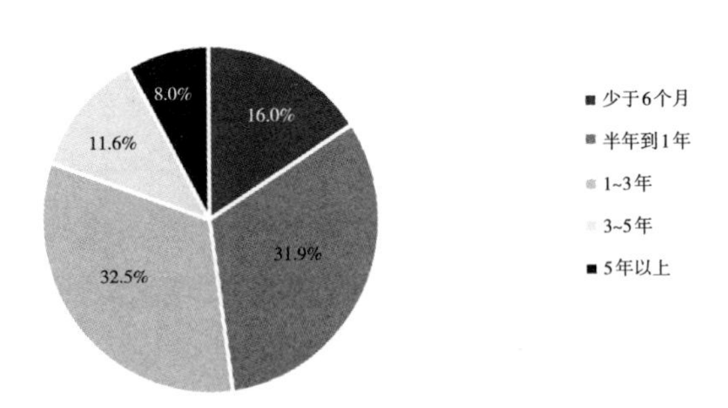

图6-3　基金个人投资者持有单只基金的平均时间

来源：中国证券投资基金业协会。

第三个误区是，基金组合太多。

小南觉得投资应该遵循“所有鸡蛋不要放在同一个篮子里”的原则，所以她买了20多只基金。这个原则没错，但是若放鸡蛋的篮子太多，风险也会变得更大。你想想，把鸡蛋放在七八个篮子里，你能够看得过来，但若把鸡蛋放到20多个篮子里，你就会顾此失彼，风险反而变高了。

根据好买基金研究中心的分析，2014年7月14日至2017年7月14日，基金组合分散风险的效果和基金数量并非呈正相关。也就是说，多买基金并不能更好地分散风险，5～10只是较为合适的基金配置数量。如果配置数量过多，基金收益率反而是下降的（见图6–4）。

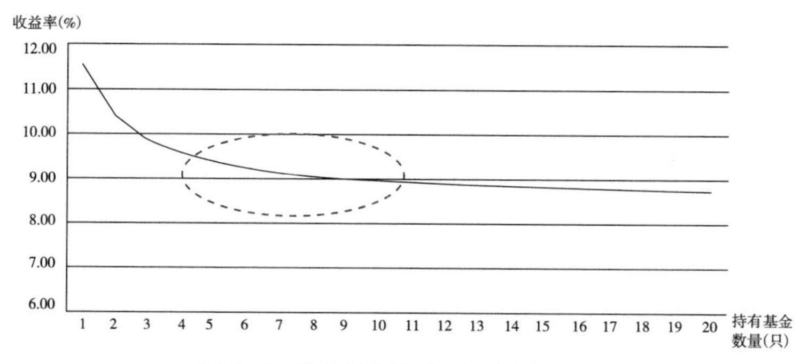

图6-4　持有基金数量与收益率的关系

来源：Wind资讯，好买基金研究中心。

基金组合应按照不同的类型进行配置，比如货币基金、债券基金、指数基金、股票基金各两三只。

如果不知道如何筛选基金，我向大家推荐一个好用的工具——基金对比器（网址是www.howbuy.com/fundtool/compare.htm），由好买基金网开发，能快速比较各种基金。你输入多只基金的代码后，点击“加入对比”，能马上看到几只基金之间的详细区别，包括收益对比、所获奖项、最大回撤、基金经理综合评分等，全都一目了然（见图6-5、图6-6、图6-7）。

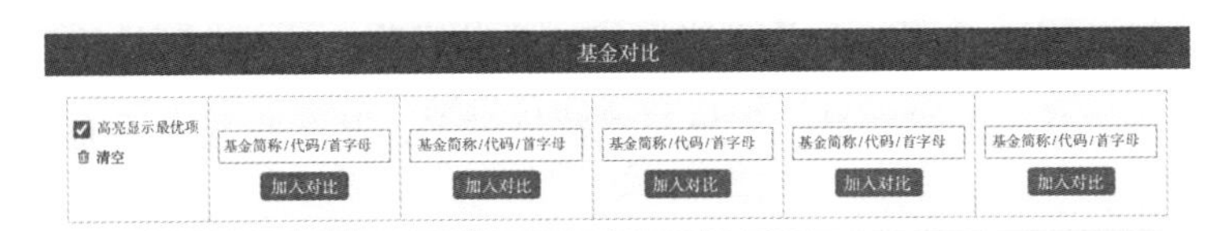

图6-5 基金对比器细节一

来源：好买基金网。

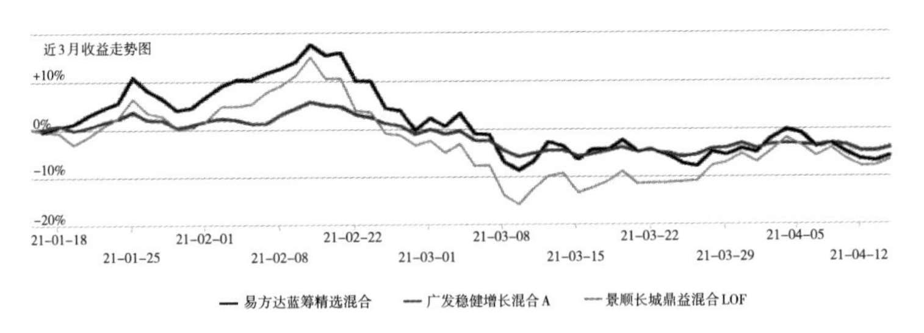

图6-6 基金对比器细节二

来源：好买基金网。

基金风险					^收起
基金风险	中风险	中风险	中高风险	中风险	
夏普比率(近一年)	3.03	1.24	2.79	3.21	
最大回撤(近一年)	-22.48%	-11.09%	-26.94%	-12.67%	

基金经理					^收起
经理姓名				‹ ›	
经理综合评分	6.07分	7.8分	4.29分	5.03分	

图6-7　基金对比器细节三

来源：好买基金网。

同时，也不要把大部分资金用来买货币基金。小南赚不了高收益的原因是，她把大部分资金放在了货币基金中。虽然这种基金很稳健，但其在2020年6月的7日年化收益率曾跌破1.5%，比银行1年期的定期存款利率还低。相对地，基金组合中指数基金的比例可以高些，虽然它也有亏20%以上的风险，但这种类型的基金不受基金经理的影响，只要长期持有、坚持定投，当股市向好的时候，它就能涨回来了。另外，如果在基金组合中想选择行业，建议尽量选择长期回报率比较高的。

从长期收益来看，投资消费、医药和科技类行业，回报率会更高。若投资强周期行业，如电力、钢铁、煤炭、石油化工等，回报率则不尽如人意。截至2020年7月底，沪深两市在2015年至2020年共诞生过732只10年10倍股，其中消费、科技板块的股票有397只，占比超过54%（见表6-3）。

表6-3　A股10倍股中消费、科技股占比

年份	消费、科技牛股（只）	10倍股总数（只）	占比（%）
2015	218	464	46.98
2016	78	125	62.40
2017	9	19	47.37
2018	22	32	68.75
2019	16	21	76.19
2020	54	71	76.06
合计	397	732	54.23

来源：《证券时报》旗下数据宝平台。

在美国也有类似的情况。截至2020年7月底，美股市场近6年诞生的10年10倍股中，消费、科技板块占比超70%（见表6-4）。

表6-4　美股10倍股中消费、科技股占比

年份	消费、科技牛股（只）	10倍股总数（只）	占比（%）
2015	50	70	71.43
2016	39	48	81.25
2017	35	48	72.92
2018	59	89	66.29
2019	96	142	67.61
2020	93	131	70.99
合计	372	528	70.45

来源：《证券时报》旗下数据宝平台。

第四个误区是，迷信基金的短期业绩。

很多人去买新发基金都是因为老基金的短期业绩，比如新发基金的基金经理原来管理的老基金上年的年化收益率为80%，或者上年的基金收益率排名第一。

但这些老基金的高收益率一定会持续吗？从近7年的统计数据来看，2013年至2019年的“冠军基金”有一半在次年是业绩靠后的，仅1只“冠军基金”在次年是业绩靠前的（见表6-5）。

表6-5　近7年每年度“冠军基金”的后续表现

年份	当年涨幅（%）	次年涨幅（%）	次年同类排名
2013	80.38	57.29	25/612
2014	102.49	21.69	581/751
2015	171.78	-39.83	1325/1337
2016	92.10	13.56	627/2768
2017	67.90	-21.97	1679/2977
2018	9.87	38.62	1097/3407
2019	121.69	66.15	730/4606

来源：天天基金网。

除了“冠军基金”会出现这种情况，从2009年至2017年，业绩排名前10位的偏股型基金多半也会在次年排在同类基金的后1/2（见表6-6）。

表6-6　业绩前10名基金的次年表现

年份	次年表现排名		
	后1/2（只）	后1/3（只）	前10（只）
2009	6	4	2
2010	6	4	0
2011	1	1	1
2012	5	4	1
2013	5	5	0
2014	7	5	0
2015	6	5	0
2016	6	6	0
2017	4	3	0

来源：Wind资讯。

第五个误区是，不会止盈。

很多人觉得自己的基金是长期持有的，就不用考虑止盈的问题。这个想法只对了一半，因为股市是高低起伏的，但长期持有并不代表不及时止盈。

基金的止盈方式有两种：一种是达到盈利目标后止赢，另一种是碰到大牛市先止盈。止盈之后，我们继续坚持基金定投，进入下一轮定投周期。

中国台湾“定投教母”萧碧燕曾分享过自己的定投经历：2008年5月，她卖光了手里所有的定投基金，因为她发现自己定投的新兴市场基金的收益率都达到了40%~50%，最终她躲过了金融危机时的暴跌。

当然，卖完基金后，萧碧燕开始重新定投，没有间断过。

当她所定投基金的收益率在–50%左右时，她便开始增加定投额度。2009年9月，她定投基金的收益率再次达到50%，于是她又卖光了，然后开始重新定投，如此循环。

止盈还有利于“以基金养基金”。比如，萧碧燕给5岁的儿子设立了教育金账户，定投了第一只基金，每年定投3.6万元新台币*，直到获利32%便进行赎回，原本的基金继续每年定投3.6万元新台币。同时，她把赎回的本金和收益投入第二只基金的定投中，等第二只基金的盈利目标达成后，又投入第三只、第四只基金的定投中。20年后，在萧碧燕的儿子大学毕业时，他的教育金账户余额已达206万元新台币。如果不做任何投资，教育金账户余额在20年后只能达到72万元新台币。

设好止盈目标，就要按照目标卖掉基金，比如止盈目标是30%的收益率，达到了就要卖掉基金。若不知道如何设立止盈目标，你可以参考自己能忍受的最大亏损幅度。如果你能忍受的最大亏损幅度是10%，那止赢目标的门槛为它的2倍，即20%。依此类推，可忍受的最大亏损幅度为20%时，对应的盈利目标是40%；可忍受的最大亏损幅度为50%时，对应的盈利目标是100%。

另外，如果碰到大牛市，投资者一般也应先止盈。国内就出现过两次疯狂大牛市，分别是2008年和2015年，聪明的投资者那时候应该做到了先止盈。

* 1元新台币约等于0.23元人民币。

很多人以为保险是坑人的

保险是个“坑”吗？买了保险，出事后却没有获得理赔的人可能会这么认为，但其中有不少人是因为没有如实告知保险公司而被拒付的。

这种情况并不是中国的特例。早在19世纪初，英国社会也是如此，英国的保险公司在当时被称为“伟大的拒付者”。很多投保人交了数十年保费，却因为当初有不如实告知的事项而被保险公司拒付。合同纠纷层出不穷，引发了民众对保险公司的信任危机。

1848年，英国伦敦寿险公司首次应用了不可抗辩条款，规定保险公司不得以投保人误告、漏告等为理由拒付。该条款广受投保人欢迎，保险公司也由此重新获得了民众信任。1930年，美国纽约州把不可抗辩条款加进了保险法例中，随后该条款成为多数发达国家的寿险合同中的固定条款。

我国在2009年10月1日实施的新版《中华人民共和国保险

法》第十六条中，首次加入了“两年不可抗辩”条款。

第十六条

订立保险合同，保险人就保险标的或者被保险人的有关情况提出询问的，投保人应当如实告知。

投保人故意或者因重大过失未履行前款规定的如实告知义务，足以影响保险人决定是否同意承保或者提高保险费率的，保险人有权解除合同。

前款规定的合同解除权，自保险人知道有解除事由之日起，超过三十日不行使而消灭。自合同成立之日起超过二年的，保险人不得解除合同；发生保险事故的，保险人应当承担赔偿或者给付保险金的责任。

简单理解就是：第一，投保人有义务如实告知自己的身体状况；第二，由于投保人故意或重大过失未如实告知身体状况的，在合同签署两年内，保险公司有权解除合同或拒付；第三，合同签署两年后，保险公司不得以投保人未如实告知而解除合同或拒绝赔偿。

这个条款很好地保护了投保人，我们可以从以往的法院判决案例中进行分析。

（2014）川民初字第02957号案例：

W先生于2012年6月投保重疾险，2014年6月确诊直肠癌，术后W先生申请理赔被拒。保险公司认为，W先生投保前已患心绞痛、冠心病、高血压等疾病，并未如实告知。

不过，法院认为W先生已缴纳2年保费，保险公司已丧失单方面解除合同的权利。并且W先生主张的病种与理赔的恶性肿瘤并非同一种疾病，保险公司应当赔付。

如果投保人违反最大诚信原则，那就不适用“两年不可抗辩”条款。

（2015）深福法民一初字第366号案例：

L先生于2011年1月7日投保重疾险，2014年9月被确诊为非霍奇金淋巴瘤。L先生申请理赔被拒。

保险公司认为，L先生在投保前，自2010年7月至11月连续5次因非霍奇金淋巴瘤接受化疗，并未如实告知，且所患重大疾病并非首次确诊。

法院认为不可抗辩原则以最大诚信原则为基础，本案原告在投保时存在蓄意不实告知，违反了最大诚信原则，不适用不可抗辩条款。因此就算过了2年的时间，保险公司同样是可以拒付的。

从上面的案例可见，如果投保人投保时重疾已经发生，就不适用“两年不可抗辩”条款；如果投保人带病投保，未履行告知义务的有关事项与保险事故没有直接因果关系，“两年不可抗辩”条款能起到一定作用。

但是，即使有了这个条款，也不意味着投保人投保时可以不如实告知。对于投保人未如实告知甲状腺肿大，后续出现甲状腺癌的情况，不同的法院，判决结果不一样。有法院认为，甲状腺肿大与甲状腺癌有密切关联，判保险公司拒付；也有法院认为，甲状腺肿大即使发展数十年，也不一定会导致甲状腺癌，二者无直接关联，判保险公司赔付。所以，如果不想有纠纷，投保人在填写健康告知的时候最好如实回答，毕竟谁也不想通过打官司来解决问题。

还有一些案例不是因为投保人未如实告知产生的纠纷，而是因为未理解透保险的品种或条款而产生了拒付。有一个比较让人感到心酸的例子：2016年，深圳罗湖区莲塘一位63岁的母亲跳楼，希望用自杀的方式得到保险公司的30万元赔偿款，以此治疗儿子的强直性脊柱炎。这位母亲没想到，自杀并不能获得意外险赔偿，而且这份保险在当年已过期。

保险对于死亡有不同的处理方法。若投保人买了寿险，两年内自杀不赔付，两年后自杀则赔付。但是，自杀属于意外险中的免责条款，出现这种情况时，保险公司是不赔付的。意外险和寿险都和死亡有关，但不能相互替代。只有投保人发生意外死亡时，两种保险的赔付范围才是重叠的；若是投保人发生意外伤害或伤残、疾病身故或全残时，两者的赔付范围是不重叠的。

比如，很多人以为猝死是意外，但实际上这属于疾病，如果只买了意外险，投保人猝死时是不能获赔的（不过，现在也有少数保险公司推出含猝死的意外险）。又如，在意外发生时，投保人意外死亡的比例不算高，但意外致残的比例非常高。当意外致残时，如果你只买了寿险，没买意外险，那将得不到任何赔付。简而言之，你要搞清楚的是，意外险的赔付主要基于意外，而寿险的赔付主要基于身故。只有了解清楚了，你才能买对保险。

还有投保人因就医医院不符合条件而遭到保险公司拒付的例子。某投保人在2018年9月买了一款长期医疗险，2019年3月7日，投保人因心律失常入住武汉亚洲心脏病医院进行微创手术。2019年3月9日，投保人申请理赔被拒。被拒的原因是武汉亚洲心脏病医院为私立医院，不在这款长期医疗险规定的就医范围内，其受理的就医范围是二级或二级以上的公立医院。

总之，保险公司现在也不会随随便便拒付，但作为投保人的我们，为了减少纠纷，一定要做到在投保时如实告知，并看清楚保险合同内的条款。

虽然保险合同动辄几十页，看似有很多内容，但最有价值的就3项——保险责任、责任免除和现金价值。

保险责任是指这份保险保的是什么。我的朋友之前听从一位线下保险代理人的意见，买了一款每年只需要千元就能赔几百万元保额的险种。她以为是重疾险，我一听觉得不对劲，这种保费低、保额高的险种应该不是重疾险。结果一看，保单上的保险责任显示是医疗险，她这才知道自己买错了保险。

责任免除是指保险公司遇到哪些情况是不予理赔的，比如投保人酒后驾驶、吸毒、酗酒、感染艾滋病等。保险合同中的责任免除条款一般会用粗体显示，投保人要认真阅读这部分内容。

现金价值是指投保人退保后能拿回的钱。消费型保险，期满后的现金价值为零；储蓄型保险，期满后的现金价值有可能和保费相当，或略高于保费。为何会这样？消费型保险类似于你雇了一个保镖，期满了他便退休，你付给他的工资也不会还回来。储蓄型保险类似于你先把钱放在保险公司，万一出事，保险公司进行赔付；如果没出事，你可以拿回一部分或全部保费。当然，越早退保，能拿回的钱越少，七八十岁退保时，拿回的钱要比全部保费多一点。需要注意的是，短期险如1年有效的保险是没有现金价值的，长期险即1年以上有效的保单才会有现金价值。

关于保险，我们还要知道两个“期”——等待期和犹豫期。

等待期是指等待合同生效的这段时间。要过了等待期，合同才生效，有些保险的等待期是90天，有些是180天。如果在此期间发生了保险合同中约定理赔的情况，保险公司是不会进行赔付的，一般的情况是保险公司会向投保人退还已交保费，合同终止。等待期是保险公司为了防止投保人骗保、带病投保而设立的。

犹豫期是指投保人在收到保险合同后的10天（银行保险渠道为15天）内，如不同意保险合同内容，可将合同退还给保险公司并申请撤销合同。这是为投保人在买了保险之后可能会反悔而设定的。只要在犹豫期之内，投保人都可以直接申请退保，保险公司会退还已交保费。犹豫期，相当于是投保人的一粒后悔药。

很多人以为黄金可以保值

黄金可以保值吗？估计十之八九的人会说“可以”。但现实是很残酷的，杰里米·J.西格尔在《股市长线法宝》中统计了美国的各类资产在两百多年中的年化收益率，黄金的年化收益率只有0.7%，仅仅略高于通货膨胀率。

同样地，如果你长期持有黄金，那么获得的收益也会让你很不开心。近40年的黄金价格走势情况如下：如果你在1980年的黄金价格最高位以一盎司850美元购买，那么要等28年，到2008年才能解套；如果你在2011年的黄金价格最高位以一盎司1 920.24美元购买，那么要到9年后的2020年才能解套（见图6–8）。

黄金价格在2011年攀至最高位，2012年巴菲特在当年致股东的信中便对此发表了一番看法。

图6-8　2011—2020年的黄金价格走势

来源：新浪财经。

如果把全世界的黄金合起来，可以锻造成一个边长大约为21米的立方体。按每盎司1 750美元计算，这个立方体价值9.6万亿美元。这些钱可以买下美国的所有农田，外加16个埃克森美孚公司，还剩1万亿美元的流动性资金。耕地和石油公司能为股东带来丰厚的红利，而如果买下黄金，你可以深情抚弄这个立方体，但它不会产生任何回馈。现在投资黄金的人是在玩一个“博傻”游戏，只能期待未来有更傻的人以更高的价格购买。

现实确实如此。黄金价格至此连年回落，在2016年最低为每盎司1 045美元。

巴菲特在信中道出了黄金的本质：第一，黄金不是生息的资产，不像债券或股票能够给投资者带来利息或分红，可以用于再投资，你买回来的黄金还要找地方存放，会产生保管费用；第二，想靠黄金赚钱，只能通过黄金价格不断上涨来实现，而黄金只有阶段性的投资机会。在世界动荡、美元贬值的时候，其价格才有大幅度的上涨空间；一旦政局稳定、美元升值，黄金又将失去投资价值。

其实，回顾一下黄金从金本位制到非货币化改革的历程，我们就可得知黄金的货币属性已经变得很弱，更适合作为避险资产，不适合长期持有。在金本位制度下，黄金生产量的增长幅度远远低于商品生产的增长幅度，所以黄金不能满足日益扩大的商品流通需要，这就极大地削弱了金铸币流通的基础。

随着美国1929年的经济大危机引发的全球经济萧条，英国在1931年结束了金本位制。1933年，美国总统罗斯福宣布禁止黄金自由买卖和出口，要求人民将持有的黄金全数上交银行，美国也放弃了金本位制。

1944年，西方主要国家的代表在联合国国际货币金融会议上签署了《布雷顿森林协议》，确认每盎司35美元的黄金官方价格，同时规定各国可按此价格用美元向美国兑换黄金，这就是历史上著名的“布雷顿森林体系”。该体系规定，美元与黄金挂钩，其他国家的货币与美元挂钩，从而建立起以美元为中心的国际货币体系。

然而，这种美元与黄金挂钩的机制，在大家疯狂购买黄金时便会受到冲击，美元就会被抛弃。尤其是在1967年底与1968年初，美国因为越南战争和通货膨胀的压力，遭遇了史上最严重的的货币危机。此时，投机者预测黄金价格可能上涨便开始囤积黄金，大量资金抛弃美元，所以大家纷纷把美元兑换成黄金，那时美国国库中的黄金储备已接近法律规定中的最低水平。1968年，黄金危机爆发了，伦敦黄金市场被迫关闭，美国无法维持黄金的官方价格。最后，美国总统尼克松不得不在1971年宣布美元和黄金脱钩，“布雷顿森林体系”彻底崩溃，金价自由浮动，美元与世界各国的货币也变成浮动汇率制。

而美元与黄金的负相关性，在彼此脱钩后表现得淋漓尽致。黄金价格不停上涨，从1968年的每盎司35美元涨到1980年的每盎司850美元。在这12年间，投资者每年有约30%的收益率。

不过，黄金价格有涨便有跌。1981年，里根上台后开始推行高利率政策，这使得美元汇率变坚挺，狠狠打击了黄金投资者，黄金大牛市宣告结束。至此，黄金价格开始了近20年的下跌。

直至2001年，黄金价格才开始缓慢爬升。2007年美国的次贷危机引发全球性金融危机后，黄金价格在2011年创下每盎司1 920.24美元的历史新高。然而，随着经济的恢复，黄金价格又开始快速下跌。9年后，因为新冠肺炎疫情引发的全球动荡，黄金价格在2020年突破每盎司2 000美元大关。

其实，当我们了解了黄金的运作规则之后，投资黄金也会变得相对简单。一般来说，黄金价格常年波动不大，一旦遇到世界动荡、美元贬值的时候，就是投资黄金的好机会。比如2008年发生金融危机时，若我们提前潜伏进场，当人们的恐惧达到极点的时候，黄金价格就能上涨至高位，此时我们便可获利离场。

千万不要想着一直持有黄金。现实告诉我们，当世界经济稳定的时候，黄金价格会持续走低，持有黄金就相当于持有一堆不断贬值的金属。所以，从作为避险资产的角度来考虑，金融资产配置中的黄金占10%的比例即可。

很多人以为银行理财是低风险产品

在银行买的理财是低风险产品，在证券公司买的理财就是高风险产品吗？非也！

银行会推出高风险的理财产品，证券公司也会有低风险的理财产品。那如何判断某个产品的风险高低呢？我们以银行理财产品为例：银行对自营的理财产品会设置风险等级标识，从R1到R5共5个等级（见表6-7）。

表6-7　银行自营理财产品的风险等级

风险等级	风险	收益类型
R1（谨慎型）	低风险	保本
R2（稳健型）	较低风险	非保本
R3（平衡型）	中风险	非保本
R4（进取型）	较高风险	非保本
R5（激进型）	高风险	非保本

如何知道自己属于哪个风险等级呢？当你首次去银行购买理财产品的时候，银行工作人员会要求你做一份风险评估表，就是为了让你了解自己的风险承受能力。每家银行都需要对客户进行单独测试，各银行之间的测试结果不通用。做好风险评估后，你就可以按照风险等级来购买理财产品了。偏好低风险的人士宜选择R1～R2等级的产品，偏好高风险的人士宜选择R4～R5等级的产品，中间人士宜选择R3等级的产品。

银行的低风险理财产品一般是指现金管理类或固定收益类产品；中高风险理财产品（也称结构性理财产品）则与金融衍生品挂钩，比如与股票、黄金、美元、原油等挂钩，产品的到期收益率与所挂钩的资产价格相关，波动可大可小。我的一个闺密曾买过与股票挂钩的中高风险理财产品，曾一度亏损了20%。

但市场上最近出现了一个新变化，导致银行的稳健型理财产品也出现了亏损。截至2020年6月初，招商银行旗下招银理财有限责任公司的“季季开1号”近1月的年化收益率为-4.42%，平安银行的“90天成长”近1月的年化收益率为-7.17%。投资者惊呆了，银行理财产品竟然也亏了！

除了招商银行和平安银行，工银理财、建信理财、中信银行等机构在内的20余款银行理财产品的最新份额净值均低于1，绝大多数为成立不久的固定收益类理财产品。这些理财产品的亏损，其实跟在哪里买没关系，而是跟投向的市场有关。这些理财产品投资的是债券市场，而自从2020年4月之后，10年期国债利率开始上行，债券价格持续下跌，传导至固定收益类产品，导致净值下跌成负数。

其实，以前也出现过类似的情况，但当时在银行的固定收益类产品的净值上不会出现负数，为何现在会看到负数呢？那是因为银行改变了产品业绩展示方式。以前，银行是按照预期收益率来展示产品业绩的，也可以说它大多经营的是保本型理财产品。如果承诺保本的理财产品出现亏损，银行会通过期限错配、滚动发行的方式，或者通过委托其他金融机构代付的方式来确保产品到期后的本息兑付。然而，自2018年《关于规范金融机构资产管理业务的指导意见》实施后，银行理财产品的业绩展示方式变了，逐步从固定收益型转变为净值型。银行不再向投资人承诺保本保息，风险由投资人自行承担。

净值型的展示方式就是，市场一跌则相关产品的净值就会同步出现跌幅。也就是说，你以后会看到更多的银行稳健型理财产品出现负净值。实际上，这些产品出现负净值的时间比较短暂，净值会很快恢复为正数。所以，银行稳健型理财产品还是比较安全的，本金基本不会出现亏损。

另外，银行理财产品还有一个新变化，即银行成立的理财子公司发行的理财产品要比银行自营的理财产品风险高。这是因为银行自营的理财产品不能投资股票或基金，但银行理财子公司的理财产品可以投资股票或基金，有点类似于股票基金。

这些银行理财子公司的理财产品也可以通过银行渠道进行销售，那么，如何区分它是银行自营的产品还是其子公司的产品呢？若你在产品介绍页面看到“代销”两个字，就说明它是银行理财子公司的产品。

买银行理财子公司的产品时，我们要认真看清楚产品的投资方向和投资范围，小心本来只想买稳健型的银行理财产品，结果却选了一款代销的可投资股市的、高风险的银行理财子公司产品。若产生亏损，你也只能是哑巴吃黄连——有苦说不出。

后记

如果你问我，有什么事情是我真正感兴趣并想一直做下去的，那么我的答案应该是理财。

考大学选专业时，我很坚决地选择了经济类专业；毕业后，因为对经济新闻感兴趣，我又成了财经记者；现在，我则成了专门分享“理财经”的自媒体人。

理财，我是一直乐在其中的。

我在多年从事财经行业的过程中发现，面对理财，很多人所欠缺的并不是钱，而是思维模式。从小到大，学校里没有一门课教我们如何理财，但总有各种信息向我们传递着“即时满足”的消费观。这对于财富的积累来说是一种莫大的挑战。

说到“即时满足”，我的脑海里总会浮现出这样的画面：小孩子在地上打滚——家长买来玩具——小孩子停止哭闹。这种简单、粗暴且看似有效的解决模式，却逐渐助长了小孩子“即时满足”的风气，使他形成了固定的财富思维模式。

若以这种思维模式来理财，待人到中年，赚钱能力减弱时，人们才会发现自己的钱都被“即时满足”消耗了，自己的储蓄也就这么一点点或基本等于没有了。

若我们在年轻的时候多理财，哪怕只是简单地储蓄，争取让储蓄率达到收入的50%，这种最简单的理财方法也能让你的退休生活不至于那么难。

理财如此重要，可是很多人却不在这上面花时间，还希望自己能早日实现财务自由。

小时候，我们总是希望实现快乐教育，认为父母不应该逼迫我们学习；长大之后我们才知道，哪有什么快乐教育，学习都要付出巨大的努力。那些既能实现快乐教育又厉害的学霸，大抵是有读书天分的，但99% 的人必须靠努力才能成功。

学习理财也是一样。你不努力攒钱，总想着享受人生，哪能实现攒到100 万元的目标？当然，还有快速变富的方法，那就是去一家很有前景的公司工作或自己创立一家公司。公司上市之日，也是你赚到人生第一桶金之时。

无论哪种方法，都要我们付出努力。市场永远不缺机会，缺的是耐心。丹比萨 · 莫约说："种一棵树最好的时间是10 年前，其次是现在。"来吧，现在就开始你奇妙的财富之旅吧！你将在未来遇见更加美好的自己！